职业院校技能图解系列教材

车工技能图解

王　兵　编著
张莉洁　主审

电子工业出版社
Publishing House of Electronics Industry
北京·BEIJING

内 容 简 介

本书是根据职业技能要求，按照活动任务模式编写的，其内容包括：车床的基本操作、车削常用工、量具、车轴类工件、车套类工件、车圆锥工件、车成形面与滚花、车三角形螺纹、车梯形螺纹。本书重点突出基本操作能力的培养和基本知识的学习，在操作过程中培养学生分析加工工艺的能力，使教学方式最优化，教学效果最大化。

本书可作为各类职业院校机电、数控、模具等相关专业教材，也可作为培训机构和企业青工自学用书，还可作为劳动力转移培训用书。

未经许可，不得以任何方式复制或抄袭本书之部分或全部内容。
版权所有，侵权必究。

图书在版编目（CIP）数据

车工技能图解 / 王兵编著.—北京：电子工业出版社，2010.7
（职业院校技能图解系列教材）

ISBN 978-7-121-11160-0

Ⅰ. ①车… Ⅱ. ①王… Ⅲ. ①车削－专业学校－教材 Ⅳ. ①TG51

中国版本图书馆 CIP 数据核字(2010)第 115186 号

策划编辑：白　楠
责任编辑：白　楠　　　　　　　　特约编辑：王纲
印　　刷：北京京华虎彩印刷有限公司
装　　订：北京京华虎彩印刷有限公司
出版发行：电子工业出版社
　　　　　北京市海淀区万寿路 173 信箱　邮编　100036
开　　本：787×1 092　1/16　印张：17.5　字数：448 千字
版　　次：2010 年 7 月第 1 版
印　　次：2017 年 11 月第 6 次印刷
定　　价：27.50 元

凡所购买电子工业出版社图书有缺损问题，请向购买书店调换。若书店售缺，请与本社发行部联系，联系及邮购电话：(010) 88254888，88258888。

质量投诉请发邮件至 zlts@phei.com.cn，盗版侵权举报请发邮件至 dbqq@phei.com.cn。

本书咨询联系方式：(010) 88254583，zling@phei.com.cn。

前　　言

随着科学技术的迅速发展，对技能型人才的要求也越来越高。作为培养技能型人才的职业院校，原来的教学模式及教材已不能完全适应现今的教学要求。为贯彻《国务院关于大力发展职业教育的决定》的精神，落实职业院校"工学结合、校企结合"的新教学模式，满足培养 21 世纪技能人才的需要，编者本着以学生就业为导向、以企业用人标准为依据，着眼于"淡化理论，够用为度"的指导思想，在遵从各职业技术院校学生的认知能力和规律的前提下编写了这本书。本书以介绍车工操作步骤和方法为重点，突出车工职业能力，以图表为主要编写形式，大量采用立体实物图对操作过程进行剖析，深入浅出地讲解车工的技术知识，满足不同基础读者的需求。

本书在结构体系的安排上，增强了教材的适用性，使教材的使用更加方便、灵活；在专业知识内容上，采用最新的国家标准，充实了新知识、新技术、新工艺和新方法等，力求反映机械行业发展的现状与趋势，摒弃了繁、难、旧等理论知识，进一步加强了技能方面的训练；并强调由浅入深，师生互动和学生自主学习，使学生对相关技能的操作过程有更直观、清晰的认识，让学生能够比较轻松地学习。本书内容包括：车床的基本操作，车削常用工、量具，车轴类工件，车套类工件，车圆锥工件，车成形面与滚花，车三角形螺纹和车梯形螺纹。

本书由王兵编著，张莉洁主审。本书可作为各类职业院校机电、数控、模具等相关专业教材，也可作为培训机构和企业青工及劳动力转移培训用书。

由于编者水平有限，书中不妥之处在所难免，敬请广大读者批评指正。

为方便教师教学，本书还配有电子教学参考资料包（含教学指南、电子教案及习题答案等），请有此需要的教师登录华信教育资源网（www.hxedu.com.cn）免费注册后再进行下载，有问题时请在网站留言板留言或与电子工业出版社联系（E-mail：hxedu@phei.com.cn）。

编　者

目　　录

项目一　车床的基本操作

在机械制造业中，零件的加工制造一般离不开金属切削加工，而车削是最重要的金属切削加工之一。它是机械制造业中最基本、最常用的加工方法。车削就是在车床上利用工件的旋转运动和刀具的直线（或曲线）运动来改变毛坯的形状和尺寸，使之成为合格产品的一种金属切削方法。目前在制造业中，车床的配置几乎占到了 50%。

活动一　安全文明生产

 **任务目标**

1. 了解安全文明生产注意事项。
2. 熟悉文明生产的要求。
3. 熟悉车削加工工艺守则。

 **知识内容**

一、职业守则与技能要求

1. 职业守则

机械加工工作中所应遵守的规范与原则，一方面是对操作技术人员的行为要求，另一方面是机械加工行业对社会所应承担的义务与责任的概括。机械加工职业守则规定如下：

1）遵守法律、法规和行业与公司等有关的规定。
2）爱岗敬业，具备高尚的人格与高度的社会责任感。
3）工作认真负责，具有团队合作精神。
4）着装整洁，工作规范，符合规定。
5）严格执行工作程序，安全文明生产。
6）爱护设备，保持工件环境的清洁。
7）爱护工、量、夹、刀具。

2. 机械加工技能要求

合理、高效地使用和操作机械加工设备，生产加工出高质量、高精度、合乎技术要求的零件，是机械加工操作技术人员的职责。

机械加工的技能要求主要包括从以下几个方面的内容：

1）要详细了解使用设备的组成构造、结构特点、传动系统、润滑部位等。

2）要能看懂零件生产加工图样，并能分析零部件之间的相互关系。

3）要能熟练地操作、维护、保养设备，并能做到排除、解决一般故障。

4）掌握基本的技术测量知识与技能，要正确使用设备附件、刀具、夹具和各种工具，并了解它们的构造和保养方法。

5）要掌握机械加工中各种零件的各项计算，也能对零件进行简单工艺和质量分析。

6）掌握如何节约生产成本，提高生产效率，保证产品质量。

二、安全文明生产注意事项与要求

安全文明生产直接影响到人身安全、产品质量和经济效益，还影响操作使用设备和工、量具的使用寿命与操作人员技术水平的正常发挥，因此必须严格执行。

1．安全生产注意事项

1）工作时应穿工作服，女同学应将头发盘起，或者戴工作帽并将长发塞入帽中。

2）严禁穿裙子、背心、短裤和拖（凉）鞋进入实习场地。

3）工作时必须集中精力，注意手、身体和衣服不能靠近正在旋转的机件，如工件、带轮、皮带、齿轮等。

4）工件和车刀必须装夹牢固，否则会飞出伤人。

5）装好工件后，卡盘扳手必须随即从卡盘上取下来。

6）凡装卸工件、更换刀具、测量加工表面及变换速度时，必须先停车。

7）车床运转时，不能用手去摸工件表面，尤其是加工螺纹时，更不能用手触摸螺纹面，且严禁用棉纱擦抹转动的工件。

8）不能用手直接清除切屑，要用专用的铁钩来清理。

9）不允许戴手套操作车床。

10）不准用手去制动转动的卡盘。

11）不能随意拆装车床电器。

12）工作中发现车床、电气设备有故障，应及时申报，由专业人员来维修，切不可在未修复的情况下使用。

2．文明生产要求

1）开车前要检查车床各部分是否完好，各手柄是否灵活、位置是否正确。检查各注油孔，并进行润滑。然后低速空运转2～3分钟，待车床运转正常后才能工作。

2）主轴变速必须先停车，变换进给箱外的手柄，要在低速的条件下进行。为了保持丝杠的精度，除了车削螺纹外，不得使用丝杠进行机动进给。

3）刀具、量具及其他使用工具，要放置稳妥，便于操作时取用。用完后应放回原处。

4）要正确使用和爱护量具。经常保持清洁，用后擦净、涂油、放入盒中，并及时归还工具室。

5）床面不允许放置工件或工具，更不允许敲击床身导轨。

6）图样、工艺卡片应放置在便于自己阅读的位置，并注意保持其清洁和完整。

7）使用切削液之前，应在导轨上涂润滑油，车削铸铁或气割下料件时应擦去导轨上的润滑油。

8）工作场地周围应保持清洁整齐，避免堆放杂物，防止绊倒。

9）工作完毕，将所用物件擦净归位，清理车床，刷去切屑，擦净车床各部分的油污，按规定加注润滑油，将拖板摇至规定的地方（短车床应将拖板摇至尾座一端，长车床应将拖板摇至车床导轨的中央），各转动手柄放在空挡位置，关闭电源后把车床周围的卫生打扫干净。

三、车削加工工艺守则

车削加工工艺守则是车削时所应遵循的基本原则，也是安全文明生产在操作技能方面的具体要求。

1. 加工前的准备

1）操作者接到加工任务后，先要检查加工所需的零件图样、工艺规程和有关的技术资料是否齐全。

2）要看懂和看清工艺规程、零件图样和技术要求。

3）按零件图样或工艺规程复核工件毛坯或半成品是否符合要求，发现问题应及时向有关技术人员反映，待问题解决后才能进行加工。

4）按工艺规程要求准备好加工所需的全部工艺装备，对新夹具要先熟悉其使用要求和操作方法。

5）加工所用的工艺装备应放在规定的位置，不得乱放，更不允许随意拆卸和更改。

6）检查加工所用的车床设备，准备好所需的各种附件。

2. 车刀的装夹

1）在装夹各类车刀和其他刀具前，要擦干净刀具各部位。

2）刀具装夹后应利用对刀装置或试切检查其正确性。

3）车刀刀柄中心线应与进给方向垂直或平行。

4）装夹车刀时，刀柄下面的垫片要少而平，压紧车刀的螺钉要拧紧。

3. 工件的装夹

1）工件装夹前应将其定位面、夹紧面和夹具的定位面、夹紧面擦拭干净，并不得有毛刺。

2）用三爪自定心卡盘装夹工件进行粗车或精车时，若工件直径 $D \leqslant 30$ mm，其悬伸长度应不大于直径的 5 倍；若工件直径 $D > 30$ mm，其悬伸长度应不大于直径的 3 倍。

3）在顶尖间装夹、加工轴类工件时，应先调整尾座顶尖中心，使其与车床主轴轴线重合。

4）使用尾座时，套筒尽量伸出短些，以减小振动。

4. 加工要求

1）为了保证加工质量和提高生产率，应根据工件材料、精度要求和机床、刀具、夹具等情况，合理选择切削用量。

2）对有公差要求的尺寸，在加工时应尽量按其中间公差加工。

3）工艺规程中未规定表面粗糙度要求的粗加工工序，加工后的表面粗糙度 R_a 值应不大于 25μm。

4）铰孔前的表面粗糙度 R_a 值应不大于 12.5μm。

5）粗加工时的倒角、倒圆、槽深等都应按精加工余量加大或加深，以保证精加工后达到设计要求。

6）图样和工艺规程中未规定的倒角、倒圆尺寸和公差要求按相关标准规定。

7）在工件的加工过程中应经常检查工件是否松动，以防因松动而影响加工质量或发生意外事故。

8）在切削过程中，若机床、刀具、工件系统发出不正常的声音或加工表面粗糙度突然变坏，应立即退刀停车检查。

9）在批量生产中，必须进行首件检查，合格后方能继续加工。

10）在加工过程中，操作者必须对工件进行自检。

11）检查时应正确使用测量器具。

5. 车削加工

1）车削台阶轴时，为了保证车削时的刚性，一般应先车直径较大的部分，后车直径较小的部分。

2）在轴类工件上切槽，应在精车之前进行，以防止工件变形。

3）精车带螺纹的轴时，一般应在螺纹加工之后再精车无螺纹部分。

4）钻孔前，应将工件端面车平。必要时应先打中心孔。

5）钻深孔时，一般先钻导向孔。

6）车削直径为 10~20mm 的孔时，刀杆的直径应为被加工孔径的 0.6~0.7 倍。

7）当工件的有关表面有位置公差要求时，尽量在一次装夹中完成车削。

6. 加工后的处理

1）工件在各工序加工后应做到无屑、无水、无脏物，并在规定的工位器具上摆放整齐，以免磕、碰、划伤等。

2）暂不进行下道工序加工的或精加工后的工件表面应进行防锈处理。

3）凡相关零件成组配合加工的，加工后需要做标记（或编号）。

4）各工序加工完的工件经专职检验员检验合格后方能转往下道工序。

7. 其他要求

1）工具用完后要擦拭干净（涂好防锈油），放到规定的位置或交还工具库。

2）零件图样、工艺规程和所使用的其他技术文件，要注意保持整洁，严禁涂改。

 技能训练

活动一技能训练内容见表 1-1。

表1-1　活动一技能训练内容

课题名称	安全文明生产		课题开展时间	指导教师
学生姓名		分组组号		
操作项目	活动实施		技能评价	
			优良	及格	差
安全文明生产	职业守则与技能要求				
	安全文明生产注意事项与要求				
	车削加工工艺守则				
参观实习工厂	通过参观实习工厂，熟悉操作技能训练场地，参观历届同学的实习工件和产品，增加学生对所学专业（工种）等的感性认识				

活动一学习体会与交流

活动二　认识车床

任务目标

1. 了解常用车床的种类。
2. 掌握车床型号的表示方法。
3. 掌握CA6140型卧式车床的主要结构及功能。
4. 了解车床精度对加工质量的影响。

知识内容

一、常用车床

车床的种类很多，常用的车床见表1-2。

表1-2　常用车床

车床名称	外形结构	功能说明
卧式车床	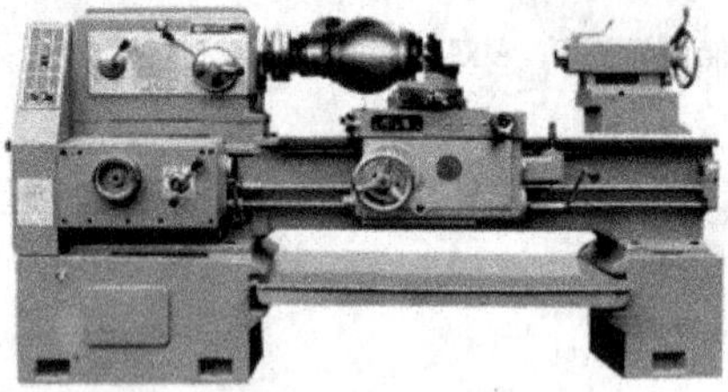 	这种车床是使用最多的。主要用于单件、小批量的轴类、盘类工件的生产加工
仪表车床		仪表车床结构相对简陋，只有一个电机和一个床体，适用于加工一些小而不十分精密的零件
立式车床	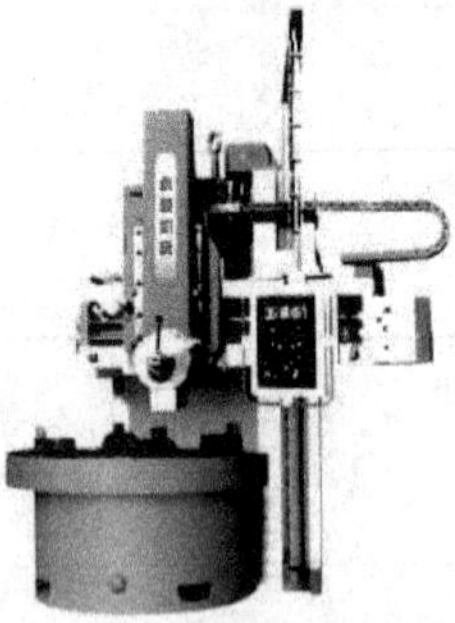 （a）单柱式 　　　　（b）双柱式	立式车床分为单柱式和双柱式。其主轴垂直分布，有一个水平布置的直径很大的圆形工作台，适用于加工径向尺寸大而轴向尺寸相对较小的大型和重型工件
转塔车床	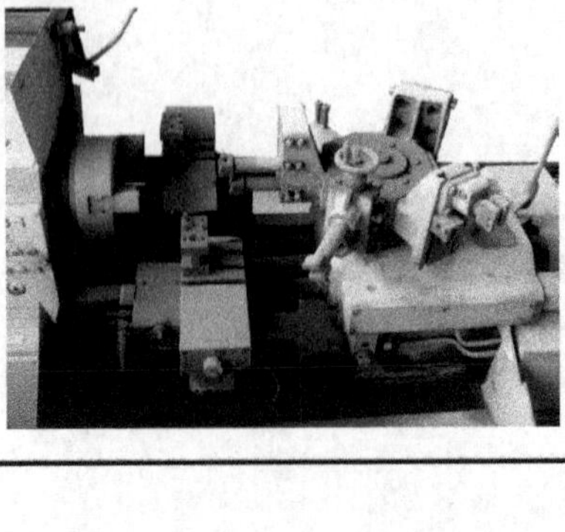	转塔车床没有尾座、丝杠，但有一个可绕垂直轴线转位的六角转位刀架，可装夹多把刀具，通常刀架只能进行纵向进给运动

（续表）

车 床 名 称	外 形 结 构	功 能 说 明
回轮车床	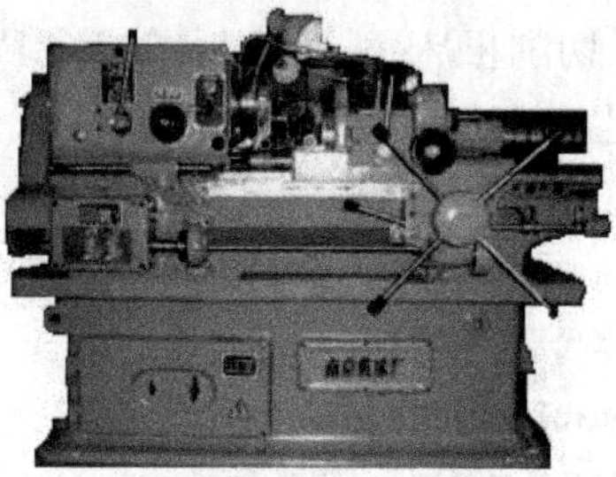	回轮车床也没有尾座，但有一个可绕水平轴线转位的圆盘形回轮刀架，并可沿床身导轨进行纵向进给和绕自身轴线缓慢回转并进行横向进给
自动车床		自动车床能自动完成一定的切削加工循环，并可自动重复这种循环，减轻了劳动强度，提高了加工精度和生产效率，它适于加工大批量、形状复杂的工件
仿形车床	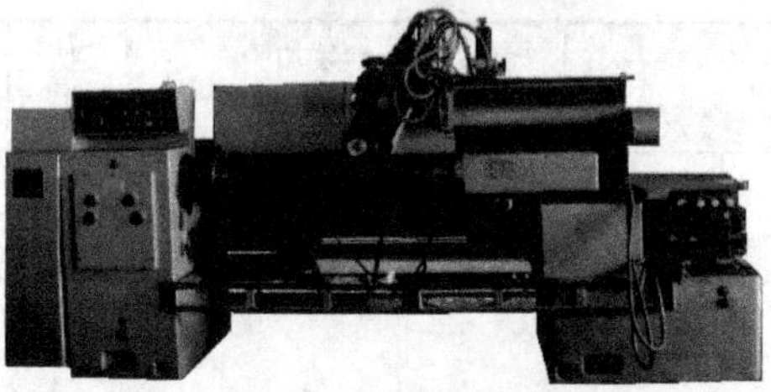	仿形车床通过仿形刀架按样板或样件表面进行纵、横向随动运动，使车刀自动复制出相应形状的被加工零件。适用于加工大批量生产的圆柱形、圆锥形、阶梯形及其他成形旋转曲面的轴、盘、套、环类工件
专用车床		专用车床是为某一类（种）零件加工需要所设计制造或改装而成的，零件的加工具有单一（专用）性，如左图的泵阀加工专用车床
数控车床	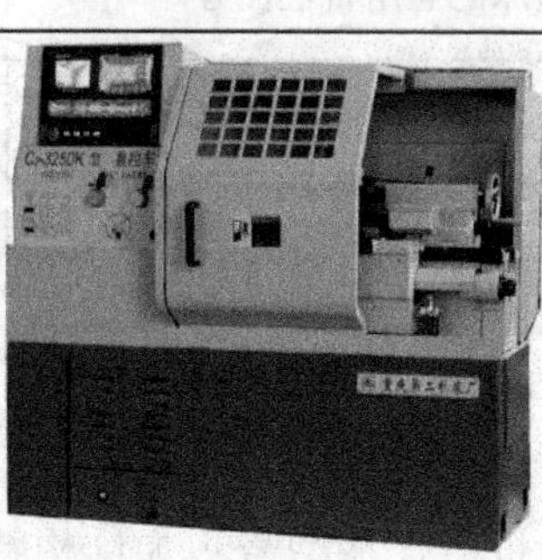	数控车床是数字程序控制车床的简称，它是一种以数字量作为指令的信息形式，通过数字逻辑电路或计算机控制的机床，能加工一些复杂零件

二、车床的型号

车床型号不仅是一个代号，而且能表示出机床的名称、主要技术参数、性能和结构特点。车床型号根据 GB/T 15375—2008《金属切削机床 型号编制方法》编制而成。它由汉语拼音字母及阿拉伯数字组成。如图 1-1 所示是 CA6140 型车床型号中各代号的含义。

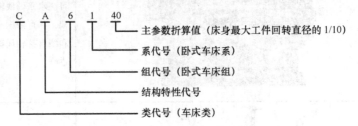

图 1-1　CA6140 型车床型号中各代号的含义

1. 机床类代号

机床按其工作原理划分为车床、钻床、镗床、磨床、齿轮加工机床、螺纹加工机床、铣床、刨插床、拉床、锯床和其他机床共 11 类。机床的类代号用大写的汉语拼音字母表示。机床的类代号见表 1-3。

表 1-3　机床的类代号

类别	车床	钻床	镗床	磨床			齿轮加工机床	螺纹加工机床	铣床	刨插床	拉床	锯床	其他机床
代号	C	Z	T	M	2M	3M	Y	S	X	B	L	G	Q
读音	车	钻	镗	磨	二磨	三磨	牙	丝	铣	刨	拉	割	其

2. 机床特性代号

机床特性代号包括通用特性代号和结构特性代号，均用大写的汉语拼音字母表示，位于类代号之后。

（1）通用特性代号

通用特性代号有统一的固定含义，它在各类机床的型号中，表示的意义相同。当某类型机床除有普通型外，还有某种通用特性时，则在类代号之后加通用特性代号予以区分。机床的通用特性代号见表 1-4。

表 1-4　机床的通用特性代号

通用特性	高精度	精密	自动	半自动	数控	加工中心（自动换刀）	仿形	轻型	加重型	简式或经济型	柔性加工单元	数显	高速
代号	G	M	Z	B	K	H	F	Q	C	J	R	X	S
读音	高	密	自	半	控	换	仿	轻	重	简	柔	显	速

（2）结构特性代号

对主参数值相同而结构、性能不同的机床，在型号中加结构特性代号予以区分。结构特性代号与通用特性代号不同，它在型号中没有统一的含义，只在同类机床中起区分机床结构、性能的作用。当型号中有通用特性代号时，结构特性代号应排在通用特性代号之后。结构特性代号用汉语拼音字母（通用特性代号已用的字母和"I"、"O"两个字母不能用）表示，当单个字母不够用时，可将两个字母组合起来使用，如 AD、AE、DA、EA 等。

3. 机床组、系代号

根据 GB/T 15375—2008《金属切削机床 型号编制方法》对机床的分类，车床分为仪表车床；单轴自动车床；多轴自动、半自动车床；回轮、转塔车床；曲轴及凸轮轴车床，立式车床；落地及卧式车床；仿形及多刀车床；轮、轴、辊、锭及铲齿车床；其他车床；共 10 组，其代号分别为 0~9，每组又划分为 10 个系。机床的组代号用一位阿拉伯数字表示，位于类代号或通用特性代号、结构特性代号之后。机床的系代号用一位阿拉伯数字表示，位于组代号之后。车床的组、系划分见表 1-5。

表 1-5　车床的组、系划分表（部分）

组		系	
代　号	名　　称	代　号	名　　称
5	立式车床	0	
		1	单柱立式车床
		2	双柱立式车床
		3	单柱移动立式车床
		4	双柱移动立式车床
		5	工作台移动单柱立式车床
		6	
		7	定梁单柱立式车床
		8	定梁双柱立式车床
		9	
6	落地及卧式车床	0	落地车床
		1	卧式车床
		2	马鞍车床
		3	轴车床
		4	卡盘车床
		5	球面车床
		6	
		7	
		8	
		9	

4. 机床主参数、第二主参数

机床的主参数是机床的重要技术规格，常用折算值表示，位于系代号之后。常用车床主参数及折算系数见表 1-6。

对于多轴车床等机床，其主轴数应以实际数值列入型号，置于主参数之后，用"×"分开。

表1-6 常用车床主参数及折算系数

车 床	主参数及折算系数		第二主参数
	主参数	折算系数	
多轴自动车床	最大棒料直径	1	轴数
回轮车床	最大棒料直径	1	
转塔车床	最大车削直径	1/10	
单柱及双柱立式车床	最大车削直径	1/100	
卧式车床	床身上最大回转直径	1/10	最大工件长度
铲齿车床	最大工件直径	1/10	最大模数

5．机床重大改进顺序号

当对机床的结构、性能有更高的要求，并需要按新产品重新设计、试制和鉴定时，才按改进的先后顺序选用 A、B、C 等汉语拼音字母（但"I"、"O"两个字母不得选用），加在型号基本部分尾部，以区别原机床型号。例如，CA6140A 型是 CA6140 型车床经过第一次重大改进后的车床。

三、CA6140 型卧式车床

CA6140 型卧式车床如图 1-2 所示，它是在 C620—1 的基础上，我国自行设计的一种应用广泛的车床，其通用性和系列化程度较高，性能较优越，结构较先进，操作方便，外形美观，精度较高。

图1-2 CA6140 型卧式车床

1．车床的主要技术规格

床身上工件最大回转直径： 400mm
中滑板上工件最大回转直径： 210mm
最大工件长度（4 种）： 750mm 1000mm 1500mm 2000mm
最大纵向行程： 650mm 900mm 1400mm 1900mm
中心高（主轴中心到床身平面导轨距离）： 205mm
主轴内孔直径： 48mm
主轴转速
　　正反转（24 级）： 9～1600rpm

车削螺纹范围

    米制螺纹（44 种）：   1～192mm

    英制螺纹（20 种）：   2～24 牙/in

    米制蜗杆（39 种）：   0.25～48 mm

    英制蜗杆（37 种）：   1～96 牙/in

机动进给量

    纵向进给量（64 种）：   0.028～6.33mm/r

    横向进给量（64 种）：   0.014～3.16mm/r

床鞍纵向快速移动速度：   4m/min

中滑板横向快速移动速度：   2m/min

主电动机功率、转速：   7.5kW   1450rpm

快速移动电机功率、转速：   0.25kW   2800rpm

机床工作精度

    精车外圆的圆度：   0.01mm

    精车外圆的圆柱度：   0.01mm/100mm

    精车端面平面度：   0.02mm/400mm

    精车螺纹的螺距精度：   0.04mm/100mm   0.06mm/300mm

    精车表面粗糙度： R_a（0.8～1.6）μm

2．CA6140 型卧式车床主要结构

CA6140 型卧式车床主要组成部分的作用见表 1-7。

表 1-7　CA6140 型卧式车床主要组成部分的作用

主要部分	图　解	特　性　说　明
主轴箱		箱内有多组齿轮变速机构，以实现机械的啮合传动；主轴变速手柄共有 24 级转速，以满足得到不同的转速；螺纹旋向变速手柄有 4 个挡位，用于变速、变向和加大螺距；三爪自定心卡盘用来装夹工件并带动工件一起旋转
挂轮箱		将主轴箱的运动传递给进给箱，更换箱内挂轮，配合进给箱可得到车削各种螺距螺纹的进给运动，满足车削时对不同纵向、横向的进给需求

（续表）

主要部分	图　解	特性说明
进给箱	进给调配表（铭牌） 螺纹种类手柄　　进给基本组操作手柄　　进给倍增组操作手柄	将挂轮箱运动传递给丝杠以实现螺纹的车削，将挂轮箱运动传递给光杠，实现机动进给；根据需要按进给调配表调整各手柄的正确位置，从而得到各种不同的进给速度
溜板部分	刀架　　小滑板 中滑板　　自动进给手柄 大手轮　　溜板箱　　开合螺母	接受光杠或丝杠的运动，并驱动床鞍、中滑板和小滑板以及刀架实现车刀的纵向或横向进给运动；其上有手柄与按钮，用以操纵车床如机动、手动、车螺纹与快移等运动形式
尾座部分	套筒锁紧手柄　　尾座锁紧手柄 套筒　　转动手柄	能沿导轨纵向移动，以调整其工作位置；用于安装顶尖以支撑较长工件，可安装刀具（如钻头、铰刀等），进行孔加工
床身导轨	导轨 床身 床脚	床身用于连接和支撑车床的各个部件，并保证其工作时准确的相对位置，床身上有精度很高的导轨，溜板、尾座可沿其移动

3. CA6410 型卧式车床的传动系统

为了把电动机的旋转运动转化为工件和车刀的运动，所通过的一系列复杂的传动机构称为车床的传动路线。CA6140 型卧式车床的传动系统如图 1-3 所示。

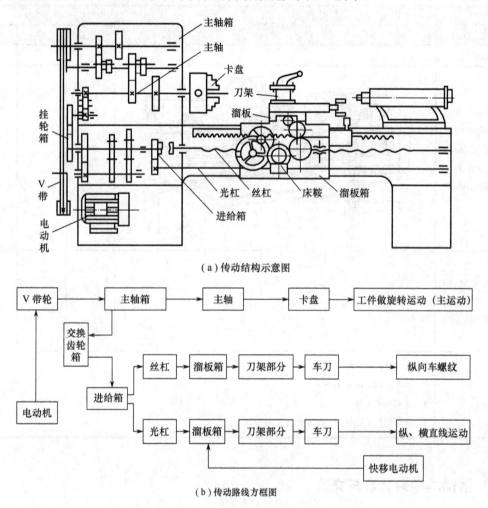

（a）传动结构示意图

（b）传动路线方框图

图 1-3 CA6140 型卧式车床的传动系统

在图 1-3 中，电动机驱动 V 带轮，通过 V 带把运动输入到主轴箱，再通过变速机构变速，使主轴得到各种不同的转速，再经卡盘带动工件做旋转运动。同时主轴箱把旋转运动输入到交换齿轮箱，再通过进给箱变速后由丝杠或光杠驱动溜板箱、床鞍、溜板、刀架，从而控制车刀运动轨迹来完成各种表面的车削工作

 技能训练

活动二技能训练内容见表 1-8。

表1-8　活动二技能训练内容

课题名称	卧式车床的结构与传动系统		课题开展时间	指导教师
学生姓名		分组组号		
操作项目	活动实施		技能评价	
			优良	及格　差
使用车床的型号				
在图中相应位置标示出CA6140型卧式车床的主要部件的名称 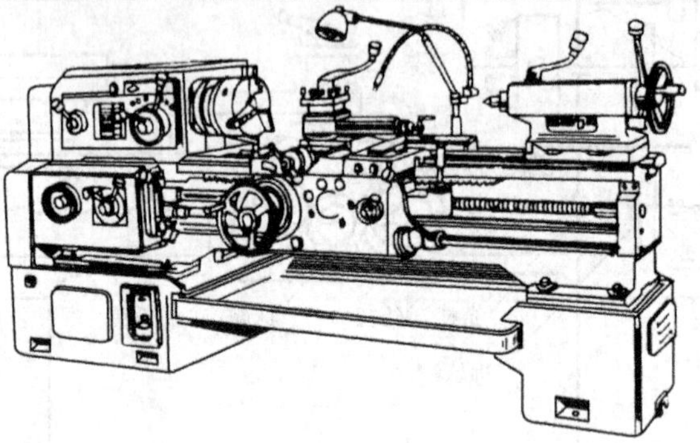				
画出CA6140型卧式车床传动路线方框图				
训练要求	1. 学生自己先了解、认识 2. 各车床同学相互考查 3. 老师轮流考核 4. 针对学生掌握情况进行个别或集中辅导			

活动二学习体会与交流

_____

_____

_____

_____

_____

_____

活动三 车床的基本操作

任务目标

1. 了解车床操作的基本内容。
2. 掌握车床的基本操作技能。

知识内容

一、操作准备

1. 穿戴

如图 1-4 所示，在操作车床前，应穿好工作服，工作服袖口应扎紧，戴平光镜，女生应戴工作帽，并将头发盘起，塞入帽中，操作时不应戴手套或其他手部饰品。

2. 工、量具等的摆放

工、量、夹、刀具等的摆放应整齐，布局应合理，做到随手可取，如图 1-5 所示。

图 1-4　工作服的穿戴

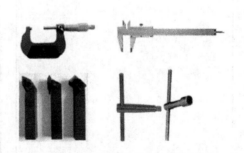

图 1-5　工、量具等在工具盒内的摆放

3. 操作姿势

操作时，精力要集中，身体稍稍向前弯曲，头向右倾斜，眼睛时刻注意车削加工部位，手和身体远离车床旋转部位，身体不准倚靠在车床上，如图 1-6 所示。

二、车床的基本操作

1. 车床的启动操作

车床的启动操作步骤见表 1-9。

图 1-6　操作姿势

表 1-9　车床的启动操作步骤

操作步骤	操作说明	图　解
检查	检查车床各变速手柄是否处于空挡位置,离合器是否处于正确位置,操纵杆是否处于停止状态	
上电	在确定无误后,打开总电源(总电源开关在进给箱对应的床身后面;车床主轴电机与冷却液开关在挂轮箱外罩上)	(a)总电源关闭　　　(b)总电源打开 冷却液开(蓝色) 冷却液关(红色) 车床主轴电机开(蓝色) 车床主轴电机关(红色) (c)车床主轴电机与冷却液开关

（续表）

操作步骤	操 作 说 明	图 解
启动	按下车床主轴电机启动按钮（绿色按钮），车床操作控制上电	
正转	向上提起操纵杆手柄（简称操纵杆），主轴（卡盘）正转	
反转	向下按下操纵杆手柄，主轴（卡盘）反转	
停止	按下车床主轴电机停止按钮（红色按钮），无论是向上提起还是向下按下操纵杆手柄，主轴（卡盘）都不会转动	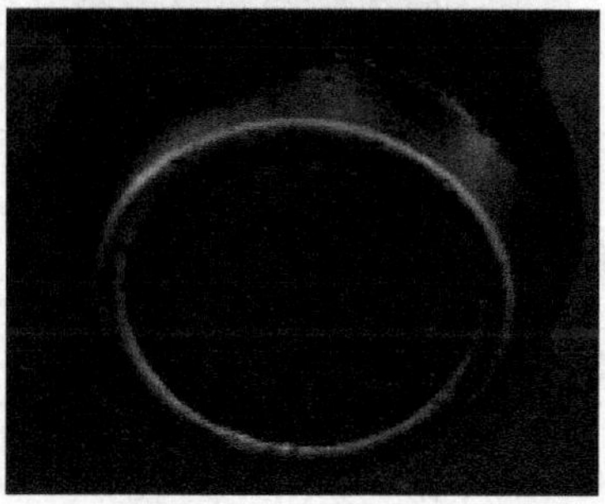

2. 主轴箱的变速操作

车床主轴变速箱通过改变主轴箱正面左侧的两个叠套手柄的位置来控制。前面的手柄有 8 个挡位，每个挡位有 3 级转速，由后面的手柄控制，所以主轴共有 24 级转速，如图 1-7

所示。

图 1-7 主轴变速手柄

例如，要将转速变换为 800rpm，其操作步骤见表 1-10。

表 1-10 主轴转速的变换

操作步骤	操作说明	图 解
对挡位	转动后面的手柄，使高速挡与指示标记对齐	
调转速	转动前面的手柄，使转速盘上的 800 与指示标记对齐	

注意：当各手柄转不动时，可用手先拨动一下卡盘，再转动各手柄。

3. 进给箱的变速操作

CA6140 型车床进给箱正面左侧有一个手轮（进给变速手轮），右侧有前后叠装的两个手柄，前面的手柄有 A、B、C、D 共 4 个挡位，是丝杠、光杠变换手柄；后面的手柄有 I、II、III、IV 共 4 个挡位，与有 8 个挡位的手轮相配合，用以调整进给量及螺距。

在实际操作中，确定选择和调整进给量时应对照车床进给调配表并结合进给变速手轮与丝杠、光杠变速手柄进行。车床进给调配表（部分）如图 1-8 所示。

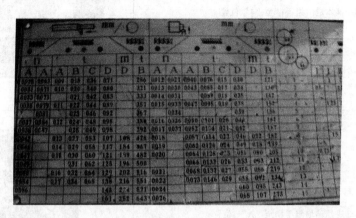

图 1-8　车床进给调配表（部分）

例如，要将横向进给量调整为 0.047mm/min，其操作见表 1-11。

表 1-11　进给箱的变速操作

操　作　步　骤	操　作　说　明	图　解
查位置	根据要求，在进给调配表上查找相应位置，位置为：t、4、A	
调整螺纹种类手柄	转动螺纹种类手柄至"t"位置（螺纹种类手柄说明如图 1-9 所示）	

（续表）

操作步骤	操作说明	图　解
调整进给基本组手柄	转动基本进给组手柄至"4"位置	
调整进给倍增组手柄	转动进给倍增组手柄至"A"位置	

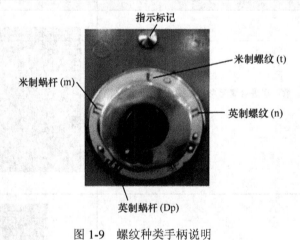

图 1-9　螺纹种类手柄说明

4．溜板箱的操作

（1）床鞍、中滑板、小滑板、刀架的手动操作

具体操作见表 1-12。

（2）机动进给的操作

具体操作见表 1-13。

表 1-12 床鞍、中滑板、小滑板、刀架的手动操作

操作内容		操作说明	图解
手动操作	床鞍的操作	双手握住床鞍手轮，连续、匀速地左右（纵向）移动床鞍。逆时针转动，床鞍向左移动；顺时针转动，床鞍向右移动	
	中滑板的操作	双手握住中滑板手柄，沿横向交替连续、匀速地进行进刀或退刀操作。顺时针转动，中滑板做进刀运动；逆时针转动，中滑板做退刀运动	
	小滑板的操作	双手握住小滑板手柄，沿纵向交替地进行连续、匀速的移动操作。顺时针转动小滑板手柄，小滑板向左移动；逆时针转动小滑板手柄，小滑板向右移动	
刀架的操作		逆时针转动刀架手柄，刀架可进行逆时针转动，以调换车刀；顺时针转动刀架手柄，刀架则被锁紧	

表 1-13 机动进给的操作

操作内容	操作说明	图解
机动进给	将螺纹旋向变换手柄放在左侧的"右旋正常螺距"挡位	指示标记 右旋正常螺距 左旋正常螺距 右旋扩大螺距 左旋扩大螺距

（续表）

操作内容	操作说明	图　解
机动进给	根据需要调整进给箱外各手轮手柄的位置，接通光杠，并启动车床，使之正转	
	自动进给手柄有 5 个方向位置。扳向左、右边位置，床鞍沿纵向进行机动进给和退刀进给；将自动进给手柄扳向里、外位置，中滑板沿横向进行进刀和退刀进给；中间是停止位置	  （a）向左进刀　　（b）向右退刀 （c）中间位置　（d）向里进刀　（e）向外退刀

（3）刻度盘的操作

1）床鞍刻度盘如图 1-10 所示，其圆周分为 300 格，每一格为 1mm。

2）中滑板刻度盘如图 1-11 所示，其圆周分为 100 格，每一格为 0.05mm。

图 1-10　床鞍刻度盘　　　　　　图 1-11　中滑板刻度盘

3）小滑板刻度盘如图 1-12 所示，其圆周也分为 100 格，每一格也为 0.05mm。

图 1-12　小滑板刻度盘

（4）开合螺母的操作

向下扳动手柄，开合螺母与丝杠啮合，丝杠拖动溜板箱纵向进给，用来车削螺纹；向上扳动手柄，则丝杠与溜板箱运动断开，由光杠拖动溜板箱纵向（或横向）进给，用来车削加工。开合螺母的操作如图 1-13 所示。

（a）开合螺母"开"（向上抬起）　　　　　（b）开合螺母"合"（向下啮合）

图 1-13　开合螺母的操作

5. 尾座的操作

尾座可沿着床身导轨移动。其操作见表 1-14。

表 1-14　尾座的操作

操 作 内 容	操 作 说 明	图　　解
锁紧、松开	逆时针扳动尾座固定手柄，则尾座锁紧	
	顺时针扳动尾座固定手柄，则尾座松开，尾座可沿床身导轨前后移动	
	顺时针转动套筒紧固手柄，尾座套筒被锁紧	

（续表）

操作内容	操作说明	图解
锁紧、松开	逆时针转动套筒紧固手柄，尾座套筒松开	
套筒移动	顺时针摇动手轮，套筒做进给运动	
	逆时针摇动手轮，套筒做退回运动	
安装刀具	套筒内可安装顶尖和其他刀具	

技能训练

活动三技能训练内容见表1-15。

表1-15　活动三技能训练内容

课题名称	车床操作项目和训练内容		课题开展时间		指导教师	
学生姓名		分组组号				
操作项目	活动实施			技能评价		
				优良	及格	差
使用车床的型号						
车床启动操作	1. 进行启动车床的操作，掌握启动车床的先后步骤 2. 用操纵杆控制主轴正、反转和停车					

（续表）

操作项目	活动实施	技能评价		
		优良	及格	差
主轴变速操作	1. 调整主轴转速至 16rpm、450rpm、1400rpm 2. 选择车削右旋螺纹和车削左旋加大螺距螺纹的手柄位置			
进给箱变速操作	1. 确定车削螺距为 1mm、1.5mm、2.0mm 的米制螺纹在进给箱上的手轮和手柄的位置，并调整到位 2. 确定选择纵向进给量为 0.46mm，横向进给量为 0.20mm 时手轮与手柄的位置，调整到位			
溜板床鞍操作	1. 熟练操作使床鞍左、右向移动 2. 熟练操作使中滑板沿横向进、退刀 3. 熟练操作控制滑板沿纵向短距离左、右移动			
刻度盘操作	1. 若刀架需向左纵向进刀 250mm，应该操纵哪个手柄（或手轮），其刻度盘需要转过多少格 2. 若刀架需横向进刀 0.5mm，中滑板手柄刻度盘应向什么方向转动，转多少格			
机动进给操作	1. 做床鞍左、右两个方向快速纵向进给训练 （操作时应注意：当床鞍快速行进到离主轴箱或尾座足够远时，应立即放开快进按钮，停止进给，以避免床鞍撞击主轴箱或尾座） 2. 做中滑板的前、后两个方向快速横向进给训练 （操作时应注意：当中滑板前、后伸出床鞍足够远时，应立即放开快进按钮，停止进给，以免因中滑板悬伸太长而使燕尾导轨受损，从而影响运动精度）			
开合螺母操作	根据所需螺距和螺纹调配表（铭牌）选择好进给箱相关手柄（或手轮）的位置，并进行如下操作： 1. 不按下开合螺母操纵手柄，观察溜板箱的运动状态 2. 按下开合螺母操纵手柄后，再观察溜板箱是否按选定的螺距做纵向运动。并体会开合螺母操纵手柄按下与扳起时手中的感觉 3. 先横向退刀，然后快速右向纵进，实现车完螺纹后的快速纵向退刀			
刀架操作	1. 刀架上不夹车刀，进行刀架转位和锁紧的操作训练 2. 刀架上安装 4 把车刀，再进行刀架转位与锁紧操作训练 （注意：装刀或刀架转位时应使刀架远离至安全地方，以免车刀与工件或卡盘相撞）			
尾座操作	1. 进行尾座套筒进、退移动操作并掌握操作方法 2. 进行尾座沿床身导轨向前移动、固定等操作并掌握方法			

 活动三 学习体会与交流

活动四　自定心卡盘的装拆

任务目标

1. 了解三爪自定心卡盘的规格、结构和作用。
2. 掌握自定心卡盘零部件的装拆方法。
3. 能在主轴上装卸自定心卡盘。

知识内容

一、三爪自定心卡盘的结构

三爪自定心卡盘是车床常用的附件，用于装夹工件，其结构如图 1-14 所示。常用的三爪自定心卡盘的规格有 150mm、200mm、250mm 等。

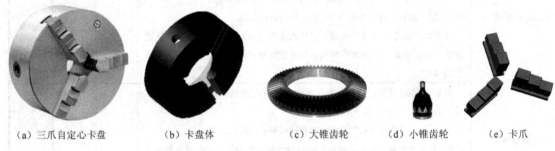

（a）三爪自定心卡盘　　（b）卡盘体　　（c）大锥齿轮　　（d）小锥齿轮　　（e）卡爪

图 1-14　三爪自定心卡盘的结构

三爪自定心卡盘有正、反两副卡爪，如图 1-15 所示。正爪用于装夹外圆直径较小和内孔直径较大的工件；反爪用于装夹外圆直径较大的工件。

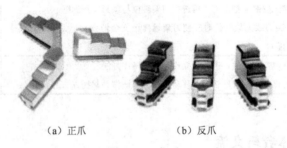

（a）正爪　　　　　　（b）反爪

图 1-15　卡爪

二、卡爪的装拆

1. 卡爪的判别

卡爪有 1、2、3 的编号，如图 1-16 所示。安装卡爪时必须按顺序装配。如果卡爪的编号不清晰，可将卡爪并列在一起，比较卡爪上端面螺纹牙数的多少，最多的为1号，最少的为3号，如图1-17所示。

图1-16 卡爪的编号

图1-17 卡爪的判别

2. 卡爪的安装

将卡盘扳手的方榫插入卡盘壳体圆柱上的方孔中，按顺时针方向旋转，驱动大锥齿轮回转，当其背面平面螺纹的螺扣转到将要接近 1 槽时，将 1 号卡爪插入壳体的 1 槽内，继续顺时针旋转卡盘扳手，在卡盘壳体的 2 槽、3 槽内依次装入 2 号、3 号卡爪，如图 1-18 所示。

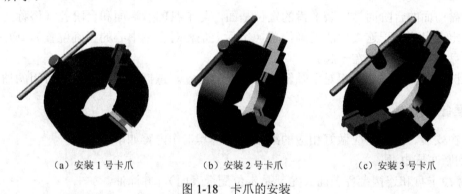

(a) 安装1号卡爪　　　　　(b) 安装2号卡爪　　　　　(c) 安装3号卡爪

图1-18 卡爪的安装

随着卡盘扳手的继续转动，3 个卡爪同步沿径向向心移动，直至汇聚于卡盘的中心。

3. 卡爪的拆卸

逆时针方向旋转卡盘扳手，3 个卡爪则同步沿径向离心移动，直至退出卡盘壳体。卡爪退离卡盘壳体时要注意防止卡爪从卡盘壳体中跌落受损。更换反卡爪时，也按同样的方法进行卡爪的安装、拆卸。

三、卡盘的装拆

1. 卡盘与车床主轴的连接关系

三爪自定心卡盘通过连接盘与车床主轴连为一体。CA6140 型车床连接盘与主轴、卡盘的连接方式如图 1-19 所示。

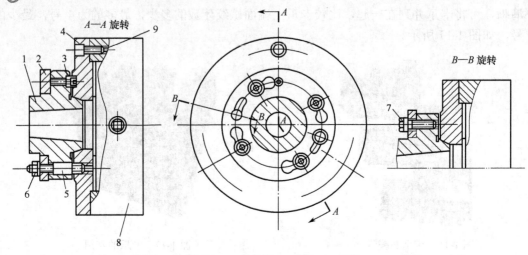

1—主轴；2—锁紧盘；3—端面键；4—连接盘；5—螺栓；6—螺母；7、9—螺钉；8—卡盘

图 1-19　CA6140 型车床连接盘与主轴、卡盘的连接方式

连接盘由主轴上的短圆锥面定位。安装时，让连接盘的 4 个螺栓及其上的螺母从主轴轴肩和锁紧盘上的孔内穿过，螺栓中部的圆柱面与主轴轴肩上的孔精密配合，然后将锁紧盘转过一个角度，使螺栓进入锁紧盘上宽度较窄的圆弧槽段，把螺母卡住，接着再拧紧螺母，连接盘便可靠地安装在主轴上。

连接盘前面的台阶面是安装卡盘的定位基面，与卡盘的后端面和台阶孔（俗称止口）配合，以确定卡盘相对于连接盘的正确位置（实际上是相对主轴中心的正确位置）。通过 3 个螺钉将卡盘与连接盘连接在一起。

端面键用于防止连接盘相对主轴转动，是保险装置。螺钉是拆卸连接盘时用的顶丝。

2．准备工作

卡盘在安装、拆卸前应做好相应的准备工作，其工作内容如下：

1）切断车床电源。

2）擦净卡盘和连接盘各表面（尤其是定位配合表面），并涂油。

3）在靠近主轴处的床身导轨上垫一块木板，以保护导轨面不受意外撞击。

3．卡盘的安装

卡盘安装的步骤如下：

1）在车床导轨上放置一块木垫，如图 1-20 所示。

2）用一根比主轴通孔直径稍小的硬木棒穿在卡盘中，将卡盘抬到连接盘端，将木棒的一端插入主轴的通孔内，另一端伸出在卡盘外，如图 1-21 所示。

3）小心将卡盘背面的台阶孔装配在连接盘的定位基面上，用 4 个螺钉（如图 1-22 所示）将连接盘与卡盘可靠地连接在一起。

4）抽去木棒，撤去垫板，如图 1-23 所示。

4．卡盘的拆卸

其操作内容如下：

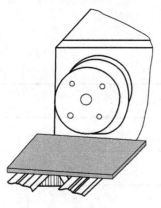

图 1-20　放置木垫

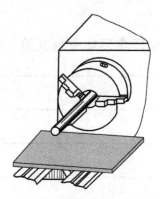

图 1-21　插放木棒

图 1-22　卡盘背面连接紧固螺钉

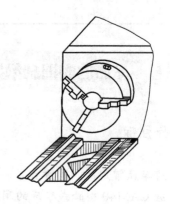

图 1-23　安装完成后拆除林棒和垫板

1）切断电源，垫好床身护板，将硬木棒插入主轴孔内，木棒另一端伸出卡盘外，并搁置在刀架上。

2）卸下连接盘与卡盘连接的 3 个螺钉，用木锤轻轻敲击卡盘背面，使卡盘止口从连接盘台阶上分离。

3）小心抬下卡盘，撤去床身护板。

 **技能训练**

活动四技能训练内容见表 1-16。

表 1-16　活动四技能训练内容

课题名称	自定心卡盘的装拆		课题开展时间	指导教师	
学生姓名		分组组号			
操作项目	活动实施		技能评价		
			优良	及格	差
卡爪的操作	装拆正、反爪练习				
卡盘的操作	拆卸卡盘（最好两人共同完成）				

活动四 学习体会与交流

_____

_____

_____

_____

_____

_____

活动五　车床的润滑和维护保养

任务目标

1. 了解车床常用的润滑方式。
2. 掌握 CA6140 型卧式车床的润滑要求。
3. 掌握车床日常的维护保养要求。

知识内容

一、常用的车床润滑方式

车床润滑可采用多种方式，常用的方式见表 1-17。

表 1-17　常用的车床润滑方式

润滑方式	图　解	说　明
浇油润滑	 	常用于外露的润滑表面，如床身导轨面和拖板导轨面，以及光杠、丝杠后轴承的润滑

（续表）

润滑方式	图　解	说　明
溅油润滑		常用于密封的箱体中，如车床主轴箱中的传动齿轮将箱底的润滑油溅射到箱体上部的油槽中，然后经槽子内油孔流到各个润滑点进行润滑
油绳导油润滑		常用于进给箱和拖板箱的油池中。利用毛线既易吸油又易渗油的特性，通过毛线把油引入润滑点，间断地滴油润滑
弹子油杯润滑		常用于尾座、中滑板摇手柄及光杠、丝杠、操纵杆支架的轴承处。定期地用油枪端头油嘴压下油杯的弹子，将油注入。油嘴撤去，弹子复位，封住油口
黄油杯润滑	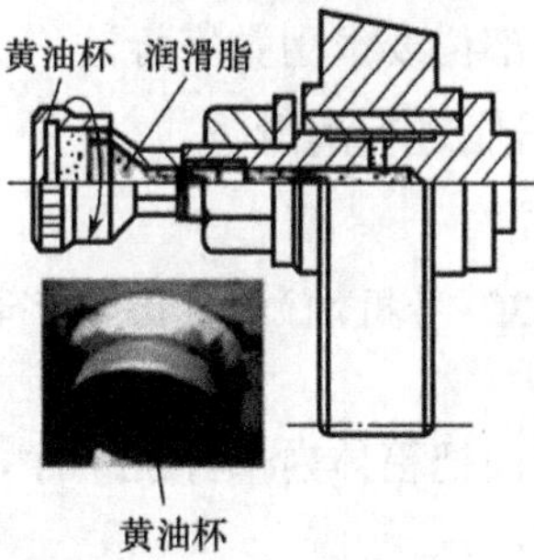 黄油杯　润滑脂 黄油杯	常用于交换齿轮箱挂轮架的中间轴或不便经常润滑处。事先在黄油杯中装满钙基润滑脂，需要润滑时，拧进油杯盖，则杯中的油脂就被挤压到润滑点中
油泵输油润滑	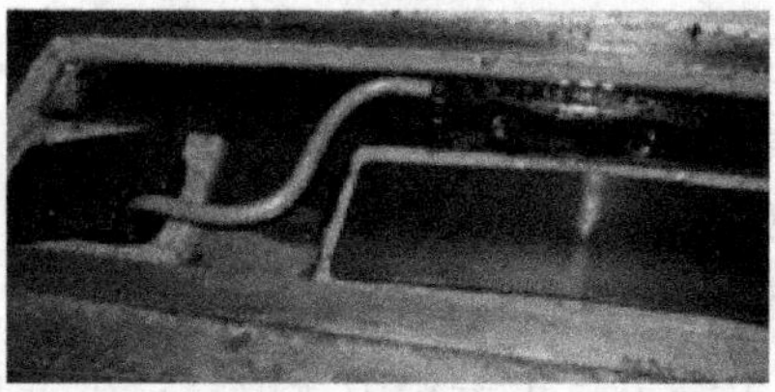	常用于转速高、需要大量润滑油连续强制润滑的机构。例如，主轴箱内的许多润滑方式点就采用这种润滑方式

二、车床的润滑要求

1．车床的润滑系统

车床的润滑是保证车床的加工精度和正常操作的必要前提保障，CA6140 型卧式车床的润滑系统如图 1-24 所示。

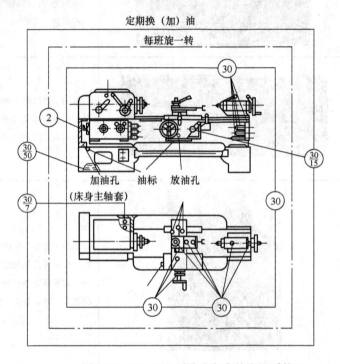

图 1-24　CA6140 型卧式车床的润滑系统

图中标出了各润滑点的位置示意，润滑部位要求用数字标注，其含义如下：

②——表示该润滑部位用 2 号钙基润滑脂进行润滑。

㉚——表示该润滑部位用 30 号机油润滑。

㉚／₇——分子数字表示润滑油类别（即 30 号机油），分母数字表示两班制工作时添换油的间隔时间（即 7 天）。

在换油时，应先将废油放尽，然后用煤油把箱体内部冲洗干净，再注入新机油，注油时应用滤网过滤，且油面不应低于油标的中线。

2．车床的润滑要求

为了保证车床正常运转和延长其使用寿命，保证工件的加工质量和提高生产效率，应注意车床的日常维护与保养。车床的摩擦部位必须进行润滑。润滑时要求做到以下几点。

1）要定期检查各润滑部位，保持良好的润滑状态。

2）每班工作结束后要清扫车床各部位，并给各储油槽加油。

3）每班工作前要检查各油泵输油系统是否正常。出现故障，应立即检查原因，查明修复后再启动车床。

4）要经常检查油质，保持其良好未变质等。

5）要定期进行机械精度的检测和调整，以减少各运动部件间的形位误差。

6）要定期检查各电气装置是否整齐与固定，保持安全。

车床各润滑部位的要求与润滑方式见表1-18。

表 1-18　车床各润滑部位的要求与润滑方式

润 滑 部 位	润 滑 方 式	要　　求	图　　解
主轴箱内零件	轴承：油泵循环润滑 齿轮：飞溅润滑	箱内润滑油每3个月更换一次。车床运转时，箱体上油标应不间断有油输出	
进给箱内齿轮和轴承	飞溅润滑和油绳导油润滑	每班向储油池加油一次	
交换齿轮箱中间齿轮轴轴承	黄油石油润滑，每班一次	每7天向黄油杯加钙基润滑脂一次	
尾座和中、小滑板手柄，以及光杠、丝杠、刀架转动部位	弹子油杯注油润滑，每班一次	每班润滑	
床身导轨、滑板导轨	每班工作前、后擦拭干净并用油枪浇油润滑	每班润滑	

三、车床的维护保养要求

1. 车床的日常保养要求

车床的日常保养要求如下：

1）每班工作后，切断电源，擦干净车床导轨面（包括中、小滑板），要求无油污、无铁屑，并浇油润滑，如图 1-25 所示。

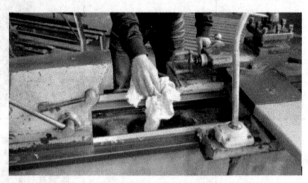

图 1-25　用棉纱清除床身切屑与杂物

2）擦干净车床各表面、罩壳、操纵手柄和操纵杆等。车床擦干净后加润滑油，并将车床床鞍摇至床尾一端，如图 1-26 所示，再清扫场地。

图 1-26　将车床床鞍摇到床尾一端

3）每周进行车床床身和中、小滑板等 3 个导轨面及转动部位的清洁、润滑工作。要求油眼畅通，油标清晰，清洗油绳和护床油毡，保持车床外表和工作场地整洁。

2. 车床的一级保养

通常当车床运行 500h 后，需要进行一级保养。一级保养工作以操作工人为主，在维修工人的配合下进行。保养时，必须先切断电源，以确保安全，然后按下面的内容和顺序进行。

（1）主轴箱的保养

1）拆下滤油器并进行清洗，使其无杂物并进行复装。

2）检查主轴，其锁紧螺母应无松动现象，紧固螺钉应拧紧。

3）调整制动器及离合器摩擦片的间隙。

（2）交换齿轮箱的保养

1）拆下齿轮、轴套、扇形板等进行清洗，如图 1-27 所示，然后复装，在黄油杯中注入新油脂。

（a）拆下齿轮　　　　　　　　　（b）拆下扇形板

图 1-27　交换齿轮箱的保养

2）调整齿轮啮合间隙。

3）检查轴套，应无晃动现象。

（3）刀架和滑板的保养

1）拆下方刀架清洗。

2）拆下中、小滑板丝杠、螺母、镶条进行清洗。

3）拆下床鞍防尘油毡，进行清洗、加油和复装。

4）中滑板的丝杠、螺母、镶条、导轨加油后复装，调整镶条间隙和丝杠螺母间隙。

5）小滑板的丝杠、螺母、镶条、导轨加油后复装，调整镶条间隙和丝杠螺母间隙。

6）擦净方刀架底面，涂油、复装、压紧。

（4）尾座的保养

1）拆下尾座套筒和压紧块，进行清洗、涂油。

2）拆下尾座丝杠、螺母进行清洗，加油。

3）清洗尾座，如图 1-28 所示，并加油。

4）复装尾座部分并调整，如图 1-29 所示。

图 1-28　清洗尾座　　　　　　　　图 1-29　复装尾座

（5）润滑系统的保养

1）清洗冷却泵、滤油器和盛液盘。

2）检查并保证油路畅通，油孔、油绳、油毡应清洁无铁屑。

3）检查润滑油，油质应保持良好，油杯应齐全，油标应清晰。

（6）电器的保养

1）清扫电动机、电气箱上的尘屑。

2）电气装置应固定齐全。

（7）外表的保养

1）清洗车床外表面及各罩盖，保持其清洁，无锈蚀、无油污。

2）清洗丝杠、光杠和操纵杆。

3）检查并补齐各螺钉、手柄、手柄球。

（8）清理车床附件

中心架、跟刀架、配换齿轮、卡盘等应齐全、洁净，摆放整齐。保养工作完成时，应对各部件进行必要的润滑。

（9）注意事项

进行一级保养工作，事先应做好充分的准备工作，如准备好拆装的工具、清洗装置、润滑油料、放置机件的盘子和必要的备件等；保养应有条不紊地进行，拆下的机件应成组合安放，不允许乱放，做到文明操作。

 **技能训练**

活动五技能训练内容见表 1-19。

表 1-19　活动五技能训练内容

课题名称	车床的润滑与维护保养		课题开展时间		指导教师
学生姓名		分组组号			
操作项目	活动实施		技能评价		
			优良	及格	差
车床的日常维护	每班：擦干净车床各表面、罩壳、操纵手柄和操纵杆等，使车床外表清洁，场地整齐				
	每周：车床床身和中、小滑板等 3 个导轨面及转动部位的清洁、润滑				

 活动五学习体会与交流

_____

_____

_____

_____

_____

_____

项目二 车削常用工、量具

车削时，工件必须在车床夹具中定位并夹紧，工件装夹是否正确可靠，将直接影响加工质量和生产率，应得到重视。同时正确地使用量具，保证工件尺寸等的加工质量，是车工必备的基本知识，因此，学会工件的装夹与找正，并掌握量具的正确测量方法是车削加工的基本功训练。

活动一 工件的装夹与找正

任务目标

1. 了解车床夹具的类型。
2. 掌握工件在车床夹具上的装夹方法。
3. 了解中心孔的种类。
4. 掌握工件在夹具上找正的方法。

知识内容

一、在三爪自定心卡盘上装夹找正

工件在三爪自定心卡盘上的装夹方式如图 2-1 所示。

图 2-1 工件在三爪自定心卡盘上的装夹方式

1. 装夹特点

1）三爪自定心卡盘的 3 个卡爪是同步运动的，能自动定心。

2）装夹工件方便、迅速。

3）工件装夹后一般不需要找正。

4）在装夹较长的工件时，工件离卡盘较远处的旋转轴线不一定与车床主轴的旋转轴线重合，这时就必须找正。

5）当三爪自定心卡盘使用时间较长导致其精度下降，而工件的加工精度要求较高时，也需要对工件进行找正。

6）其夹紧力小。

7）适用于装夹外形规则的中、小型工件。

2. 工件在三爪自定心卡盘上的找正

工件在三爪自定心卡盘上找正的方法有 3 种，见表 2-1。

表 2-1　工件在三爪自定心卡盘上的找正方法

找正方法	操作说明	图解
用划针找正	用卡盘轻轻夹住工件	
	将划线盘放置在适当的位置，使针尖端接触工件悬伸处外圆表面	
	将主轴变速手柄置于空挡位置	

（续表）

找正方法	操作说明	图解
用划针找正	用手拨转卡盘，观察划针尖与工件表面的接触情况	
	根据情况用铜棒轻轻敲击工件悬伸端，直至全圆周划针与工件表面间隙均匀一致	
	夹紧工件	
用百分表找正	用卡盘轻轻夹住工件	
	将磁性表座吸在车床导轨面上，调整表架位置使百分表表头垂直指向工件悬伸一端外圆表面	
	对于直径较大而轴向长度不长的盘形工件，可将百分表表头垂直指向其端面	

（续表）

找正方法	操作说明	图　　解
用百分表找正	将主轴变速手柄置于空挡位置	
	用手拨转卡盘，观察百分表读数	
	用铜棒轻轻敲击工件悬伸端，使每转中百分表读数的最大差值控制在要求的精度范围以内	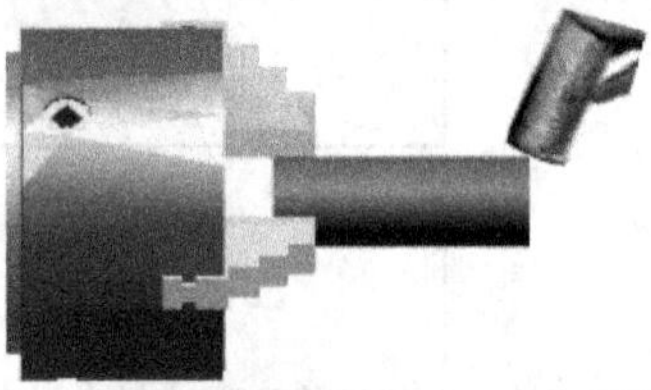
	夹紧工件	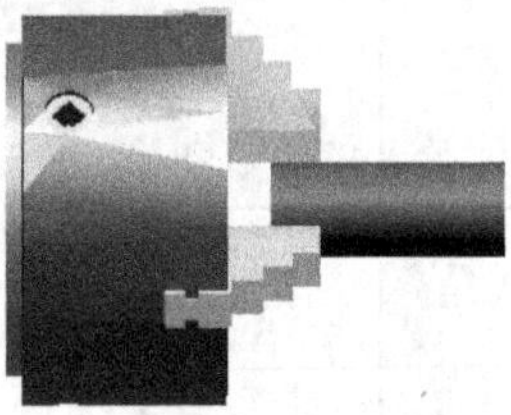
用铜棒找正（盘类工件的找正）	对于经粗加工端面后的工件，则在方刀架上夹持一铜棒	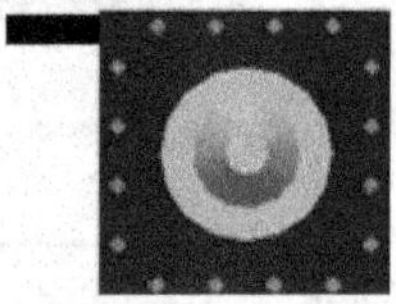
	使主轴低速运转，移动床鞍和中滑板使铜棒轻轻挤压工件端面，观察工件端面与主轴轴线是否垂直	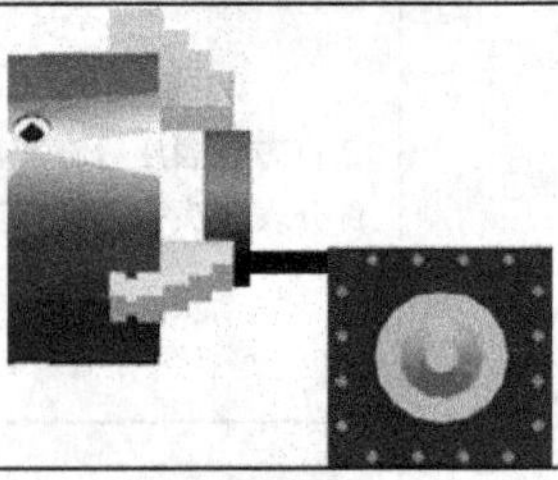
	找正后退出铜棒	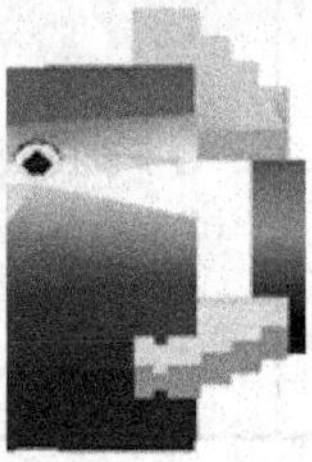

二、在四爪单动卡盘上装夹找正

四爪单动卡盘如图 2-2 所示，它有 4 个各不相关的卡爪，每个卡爪背面有一半瓣内螺纹与夹紧螺杆啮合，4 个夹紧螺杆的外端有方孔，用来安装插卡盘扳手的方榫。用扳手转动某一夹紧螺杆时，跟其啮合的卡爪就能单独移动，以适应工件大小的需要。工件在四爪单动卡盘上的装夹如图 2-3 所示。

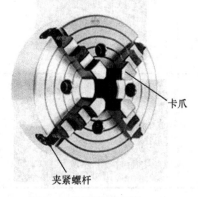

图 2-2　四爪单动卡盘

图 2-3　工件在四爪单动卡盘上的装夹

1. 装夹特点

1）4 个卡爪各自单独运动。

2）不能自动定心，工件装夹后必须找正，且找正较费时。

3）装夹时先根据工件装夹部位的尺寸调整卡爪，使相对的两个卡爪间的距离稍大于工件装夹部位的尺寸（轴类、盘类工件的外圆直径）。

4）夹紧力比三爪自定心卡盘大。

5）可通过参考卡盘平面上的多圈同心圆线来判断卡爪的位置是否与主轴回转中心等距。

6）适用于装夹大型或形状不规则的工件。

2. 工件在四爪单动卡盘上的找正

工件在四爪单动卡盘上找正的方法有 3 种，见表 2-2。

表 2-2　工件在四爪卡盘上的找正方法

工件类型	操作步骤	图　解
轴类工件	用四爪卡盘轻轻夹紧工件	

（续表）

工 件 类 型	操 作 步 骤	图　解
轴类工件	将划针盘（或百分表）安放在车床中滑板上	
	将主轴变速手柄置于空挡位置	
	划针（或百分表）靠近工件 A 点，用手拨转卡盘，观察工件表面与划针尖间的间隙，根据情况调整相对卡爪的位置，调整量为间隙差值的一半	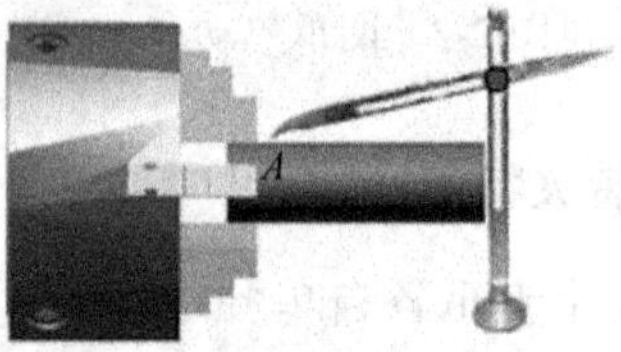
	将划针（或百分表）移至 B 点，不调整卡爪的位置，而是用铜棒轻轻敲击工件端角，直至间隙均匀一致	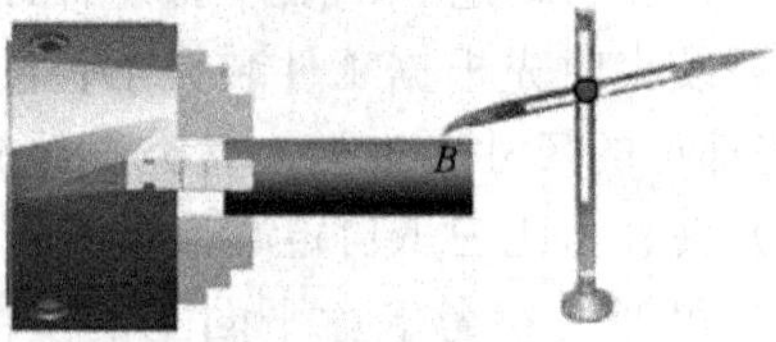
	按照图中 1、2、3、4 的顺序，相对逐一均匀夹紧工件	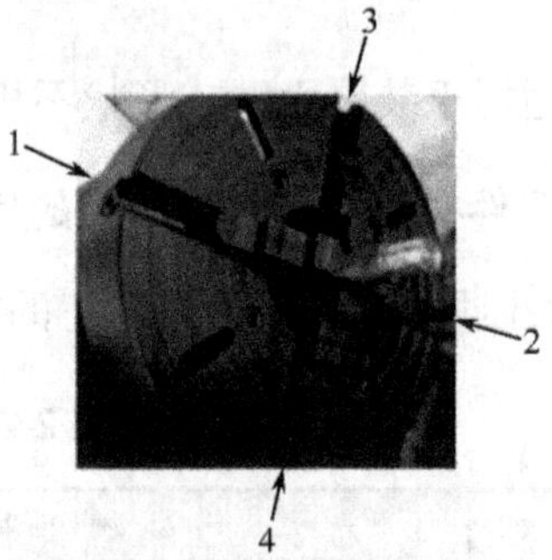
盘类工件	用四爪卡盘轻轻夹紧工件	

工件类型	操 作 步 骤	图 解
盘类工件	将划针（或百分表）盘安放在车床中滑板上	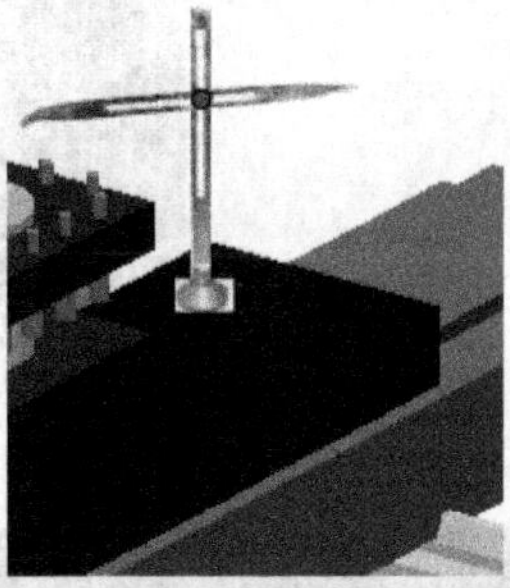
	将主轴变速手柄置于空挡位置	
	将划针（或百分表）靠近工件 A 点，用手拨转卡盘，观察工件表面与划针尖间的间隙，根据情况调整相对卡爪的位置，调整量为间隙差值的一半	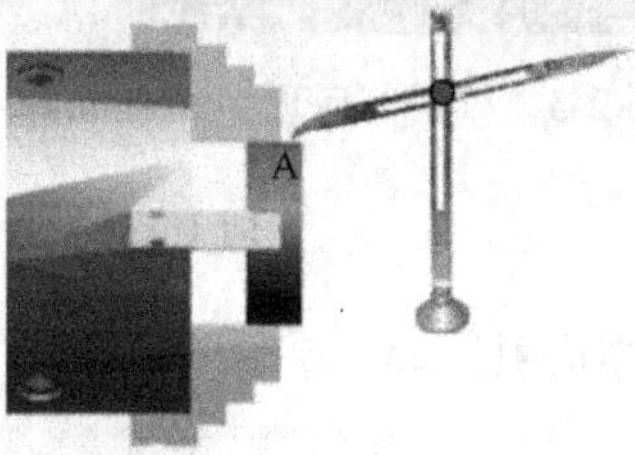
	将划针尖（或百分表）靠近端面边缘 B 点处，用手拨动卡盘，观察划针尖与端面之间的间隙。找出端面上离划针最近的位置，根据情况用铜棒轻轻敲击端面，调整量为间隙差值的一半	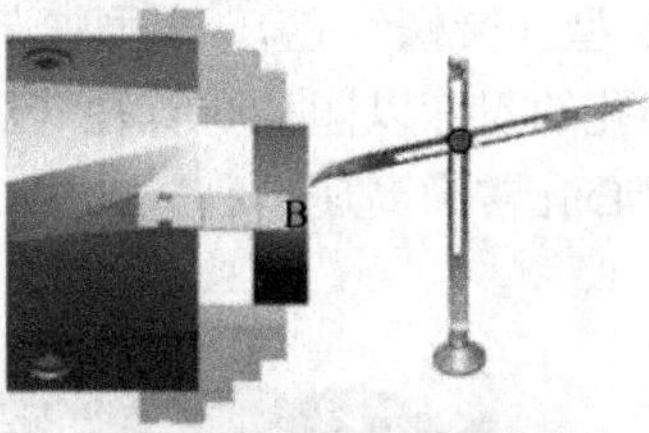
	按照图中 1、2、3、4 的顺序，相对逐一均匀夹紧工件	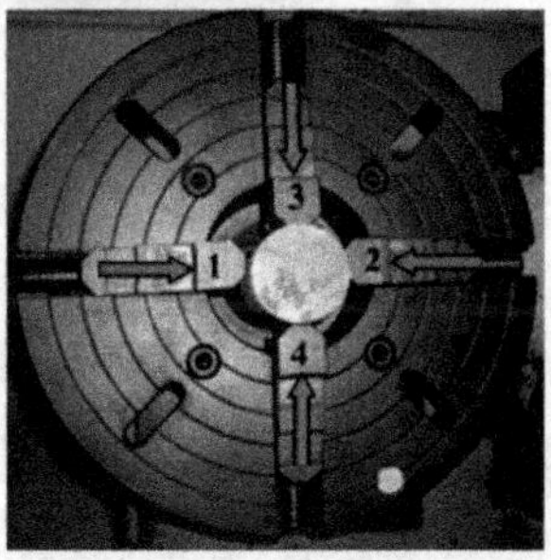

三、在两顶尖间装夹

对于较长或必须经过多道工序才能完成的工件，则采用两顶尖装夹工件。两顶尖装夹工件如图 2-4 所示。

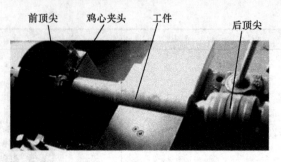

前顶尖　　鸡心夹头　　工件　　　　　　后顶尖

图 2-4　两顶尖装夹工件

图 2-5　校正前后顶尖相对位置

1．装夹特点

1）装夹方便，不需要找正。

2）定位精度高。

3）装夹前必须先在工件两端面钻中心孔。

4）工件在用两顶尖装夹时，应先检查前后顶尖是否对齐，如图 2-5 所示。如没对准，则应调整尾座的调整螺栓直至符合要求。

5）适用于重量较轻的工件的装夹。

6）因受切削力的影响，其切削用量选择受到限制。

2．中心孔

GB/T 145—2001《中心孔》规定了中心孔有 4 种类型，即 A 型（不带护锥）、B 型（带护锥）、C 型（带螺纹孔）、R 型（带弧型）。

中心孔的尺寸以圆柱孔直径（D）为基本尺寸，它是选取中心钻的依据。直径在 6.3 mm 以下的中心孔常用高速钢制成的中心钻直接钻出。中心钻的外形如图 2-6 所示，其结构与功用见表 2-3。

（a）A 型　　　　　　　　　　（b）B 型

图 2-6　中心钻

表 2-3　中心孔的结构与功用

类　　型	图　　解	结 构 特 点	适 用 范 围
A 型		由圆柱部分和圆锥部分组成，圆锥孔的锥角为 60°，与顶尖锥面配合，因此锥面表面质量要求较高	一般适用于不需要多次装夹或不保留中心孔的工件

（续表）

类　型	图　解	结构特点	适用范围
B 型		在 A 型中心孔的端部多一个 120°的圆锥面，目的是保护 60°锥面，不让其拉毛碰伤	一般适用于多次装夹的工件
C 型		外端形似 B 型中心孔，里端有一个比圆柱孔还要小的内螺纹	将其他零件轴向固定在轴上，或者将零件吊挂放置，便于轴的拆卸
R 型		将 A 型中心孔的 60°圆锥母线改为圆弧线。这样与顶尖锥面的配合变为线接触，在轴类工件装夹时，能自动纠正少量的位置偏差	轻型和高精度轴上采用 R 型中心孔

这 4 种中心孔的圆柱部分的作用是储存油脂，避免顶尖触及工件，使顶尖与 60°圆锥面配合贴紧。

3. 顶尖

顶尖的作用是确定中心、承受工件重力和切削力，根据其位置分为前顶尖和后顶尖。

（1）前顶尖

前顶尖有装夹在主轴锥孔内的前顶尖和卡盘上车成的前顶尖两种，如图 2-7 所示。工作时前顶尖随同工件一起旋转，与中心孔无相对运动，因此不产生摩擦。

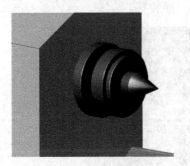

（a）主轴锥孔内的前顶尖　　　　　　（b）卡盘上车成的前顶尖

图 2-7　前顶尖

（2）后顶尖

后顶尖有固定顶尖和回转顶尖两种，如图 2-8 所示。

固定顶尖的特点是刚性好，定心准确；但与工件中心孔间为滑动摩擦，容易产生过多热量而将中心孔和顶尖"烧坏"，尤其是普通固定顶尖，因此固定顶尖只适用于低速加工精度要求较高的工件。目前多使用镶硬质合金的固定顶尖。回转顶尖可使顶尖与中心孔之间的滑动摩擦变成顶尖内部轴承的滚动摩擦，能在很高的转速下正常工作，克服了固定顶尖的缺点，因此应用非常广泛。但是，回转顶尖存在一定的装配积累误差，且滚动轴承磨损后会使顶尖产生径向圆跳动，从而降低了定心精度。

　　（a）普通固定顶尖　　　　　　（b）镶硬质合金的固定顶尖　　　　　（c）回转顶尖

图 2-8　后顶尖

4．鸡心夹头

鸡心夹头是用来夹紧工件并带动其同步运动的。常用的鸡心夹头如图 2-9 所示。

　　　　（a）直尾形　　　　　　　　　　　　　（b）曲尾形

图 2-9　鸡心夹头

直尾形鸡心夹头适用于中、小型工件的装夹；曲尾形鸡心夹头适用于大型工件的装夹。

四、一夹一顶装夹

当工件较重时，可将工件一端用三爪自定心卡盘或四爪单动卡盘夹紧，另一端用后顶尖支顶，如图 2-10 所示，这种装夹方法称为一夹一顶装夹。

图 2-10　一夹一顶装夹工件

一夹一顶装夹的特点如下：

1）装夹安全，增加了工件的刚性。

2）能承受较大的进给力。

3）调头时找正困难。

4）适用于较重的工件的装夹。

5）为了防止由于进给力的作用而使工件产生轴向移动，可以在主轴前端锥孔内安装一限位支撑，如图 2-11 所示，也可以利用工件的台阶进行限位，如图 2-12 所示。

（a）主轴锥孔内的限位支撑　　　　　　（b）安装

图 2-11　用限位支撑防止工件轴向移动

（a）工件上的台阶　　　　　　（b）安装

图 2-12　用工件上的台阶防止工件轴向移动

 **技能训练**

活动一技能训练内容见表 2-4。

表 2-4　活动一技能训练内容

课题名称	工件的装夹与找正		课题开展时间		指导教师
学生姓名		分组组号			
操作项目	活动实施		技能评价		
			优良	及格	差
材料	准备 ϕ50mm×110mm 的棒料				
装夹找正	在三爪自定心卡盘上装夹工件 进行工件的找正训练（每人至少三次）				

 活动一学习体会与交流

_____

_____

_____

_____

 **任务目标**

1. 了解游标卡尺的结构组成。
2. 掌握游标卡尺的读数方法。
3. 掌握游标卡尺的正确使用方法。

 **知识内容**

游标卡尺是车工最常用的中等精度的通用量具，其结构简单，使用方便。按式样不同，游标卡尺可分为三用游标卡尺和双面游标卡尺。

一、游标卡尺的结构组成

1. 三用游标卡尺的结构组成

三用游标卡尺主要由上量爪、下量爪、紧固螺钉、尺身、游标和深度尺组成，如图 2-13 所示。

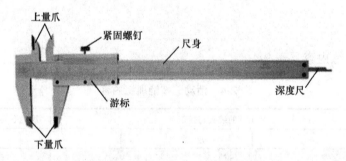

图 2-13　三用游标卡尺的结构组成

使用时，旋松固定游标用的紧固螺钉即可测量。下量爪用来测量工件的外径和长度，上量爪用来测量孔径和槽宽，深度尺用来测量工件的深度和台阶长度，如图 2-14 所示。

2. 双面游标卡尺的结构组成

为了调整尺寸方便和测量准确，双面游标卡尺在其游标上增加了微调装置。旋紧固定微调装置的紧固螺钉，再松开紧固螺钉，用手指转动滚花螺母，通过小螺杆即可微调游标，如图 2-15 所示。

使用时，其上量爪用来测量沟槽直径和孔距，下量爪用来测量工件的外径。测量孔径时，游标卡尺的读数值必须加下量爪的厚度 b（b 一般为 10mm）。

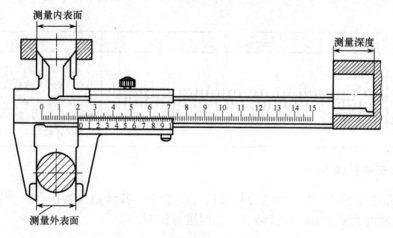

图 2-14 游标卡尺的测量范围

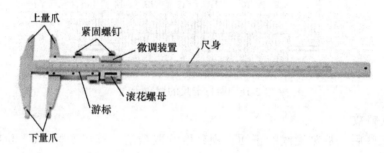

图 2-15 双面游标卡尺的结构组成

二、游标卡尺的读数方法

1. 游标卡尺读数原理

常用游标卡尺的读数精度有 0.1mm、0.05mm、0.02mm 三种。其读数精度是利用尺身和游标刻线间的距离之差来确定的。它们的读数原理见表 2-5。

表 2-5 游标卡尺的读数原理

读数精度	原 理 图 解	说　明
0.1mm		这种游标卡尺尺身上每小格为 1mm，游标刻线总长为 9mm，并分为 10 格，因此每格为 9÷10=0.9mm。这样，尺身和游标相对一格之差就为 1-0.9=0.1mm
0.05mm		这种游标卡尺尺身上每小格为 1mm，游标刻线总长为 39mm，并分为 20 格，因此每格为 39÷20=1.95mm。这样，尺身两格和游标一格之差就为 2-1.95=0.05mm

（续表）

读 数 精 度	原 理 图 解	说 明
0.02mm	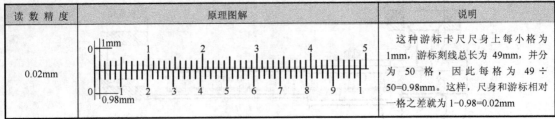	这种游标卡尺尺身上每小格为1mm，游标刻线总长为49mm，并分为50格，因此每格为49÷50=0.98mm。这样，尺身和游标相对一格之差就为1−0.98=0.02mm

2．游标卡尺的认读方法

游标卡尺是以游标的"0"位线为基准进行读数的，其读数分为以下三个步骤。现以如图2-16所示的精度为0.02mm的游标卡尺为例进行说明。

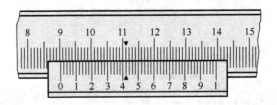

图2-16　游标卡尺的读数示例

第1步：读整数。

夹住被测工件后，从刻度线的正面正视刻度读取数值。读出游标"0"位线左边的尺身上的整毫米值。从图中可看出，游标"0"位线左边尺身上的整毫米值为90。

第2步：读小数。

用与尺身上某刻线对齐的游标上的刻线格数，乘以游标卡尺的测量精度值，得到小数毫米值。从图中可看出，游标上第21根刻线与尺身上的刻线对齐，因此小数部分为21×0.02=0.42。

第3步：整数加小数。

最后将两项读数相加，就为被测表面的尺寸。90+0.42=90.42，即所测工件的尺寸为90.42 mm。

三、游标卡尺的使用

1．使用方法

对于大型工件，将其置于稳定的状态，用左手拿主尺，右手拿副尺。移动副尺卡爪，使两卡爪测量面与工件的被测量面贴合。对于小型工件，可以左手拿工件，右手拿游标卡尺测量工件，如图2-17所示。测量时，卡爪测量面必须与工件的表面平行或垂直，不得歪斜，且用力不能过大，以免卡爪变形或磨损，影响测量精度。如图2-18所示就是游标卡尺一些错误的测量方法。

2．游标卡尺的使用注意事项

使用游标卡尺要做到以下几点：

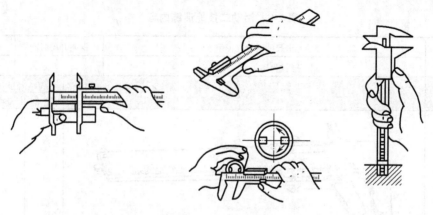

图 2-17　游标卡尺的正确使用方法

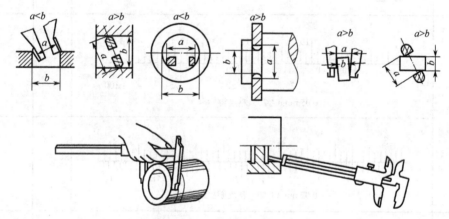

图 2-18　游标卡尺的错误测量方法

1）测量前，先用棉纱把卡尺和工件上被测量部位都擦干净，并进行零位复位检测（当两个量爪合拢在一起时，主尺和游标尺上的两个零线应对齐，两量爪应密合无缝隙），如图 2-19 所示。

2）测量时，轻轻接触工件表面，手推力不要过大，量爪和工件的接触力要适当，不能过松或过紧，并应适当摆动卡尺，使卡尺和工件接触完好。

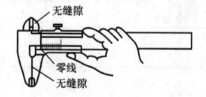

图 2-19　游标卡尺零位检校

3）测量时，要注意卡尺与被测表面的相对位置，要把卡尺的位置放正确，然后再读尺寸，或者测量后量爪不动，将游标卡尺上的螺钉拧紧，卡尺从工件上拿下来后再读测量尺寸。

4）为了得出准确的测量结果，在同一个工件上，应进行多次测量。

5）看卡尺上的读数时，眼睛位置要正，偏视往往出现读数误差。

 技能训练

活动二技能训练内容见表 2-6。

表 2-6　活动二技能训练内容

课题名称	游标卡尺的认读与使用		课题开展时间	指导教师
学生姓名		分组组号		

操作项目	活动实施	技能评价		
		优良	及格	差
在图中相应位置标示出游标卡尺组成部分的名称	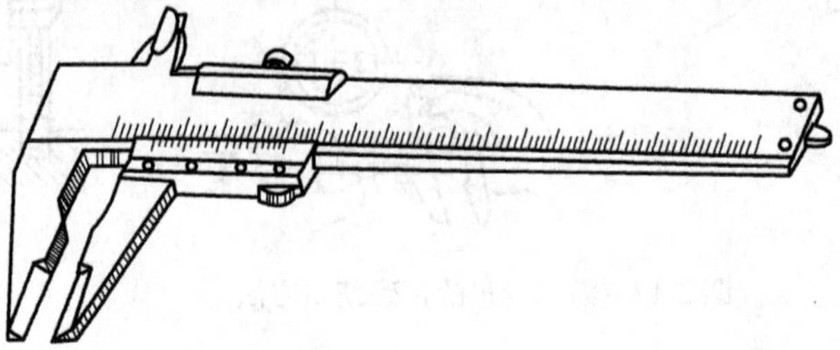			
认读	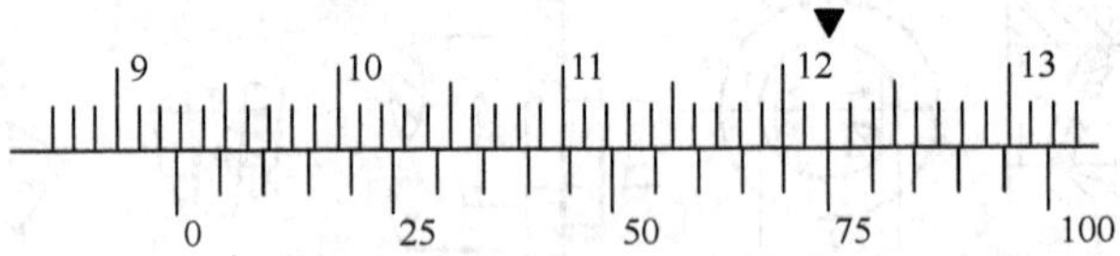 0.05mm（1/20）精度游标卡尺 0.02mm（1/50）精度游标卡尺			
使用	教师指定一工件，要求学生用游标卡尺测量出其外径（或内径）、台阶（或孔深）长度，要求使用操作要正确			

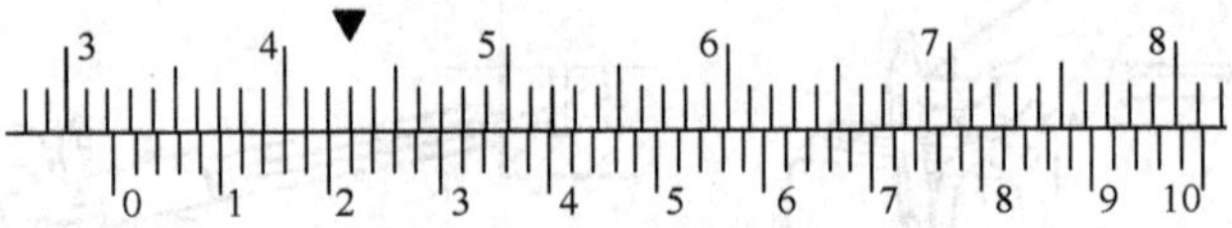

活动二学习体会与交流

活动三 千分尺的认读与使用

任务目标

1. 了解千分尺的结构组成。
2. 掌握千分尺的读数方法。
3. 掌握千分尺的正确使用方法。

知识内容

一、千分尺的结构组成

千分尺是生产中最常用的一种精密量具。千分尺的种类很多，按用途分为外径千分尺、内径千分尺、深度千分尺、内测千分尺、螺纹千分尺和壁厚千分尺等。

千分尺由尺架、固定测钻、测微螺杆、测力装置和锁紧装置等组成，如图 2-20 所示。

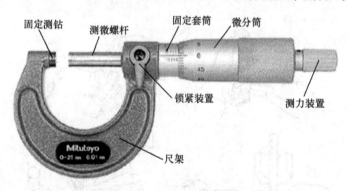

图 2-20　千分尺的结构组成

二、千分尺的读数方法

1. 千分尺读数原理

由于受测微螺杆长度的制造限制，千分尺的规格按测量范围分为 0～25mm、25～50mm、50～75mm、75～100mm、100～125mm 等，使用时按被测量工件的尺寸选用。

千分尺测微螺杆上的螺距为 0.5mm，当微分筒转过一圈时，测微螺杆就沿轴向移动 0.5mm。固定套筒上刻有间隔为 0.5mm 的刻线，微分筒圆锥面的圆周上共刻有 50 格，因此微分筒每转一格，测微螺杆就移动 0.5mm，因此千分尺的精度值为 0.01mm。

2. 千分尺的读数方法

现以如图 2-21 所示 25～50mm 的千分尺为例，介绍其读数方法。

第 1 步：读最大刻线值。

从刻度线的正面正视刻度读出固定套筒上露出的最大刻线数值，即固定套筒主尺的整毫米数和半毫米数。在图 2-21 中，固定套筒主尺的整毫米数为 36mm，半毫米数为 0.5mm。即最大刻线值为 36mm+0.5mm=36.5mm。

图 2-21　千分尺的读数示例

第 2 步：读小数。

再在微分筒上找出与固定套筒基准线在一条线上的那一条刻线，读出小数部分。从图 2-21 中可以看出微分筒上的第 10 根刻线与固定套筒基准线在一条线上，因此小数部分为 10×0.01=0.1。

第 3 步：整数加小数。

最后将两项读数相加，就为被测表面的尺寸。36.5+0.1=36.6，即所测工件的尺寸为 36.6 mm。

三、千分尺的使用

1．千分尺的使用方法

使用千分尺测量工件时，千分尺可单手握、双手握或将千分尺固定在尺架上，如图 2-22 所示。

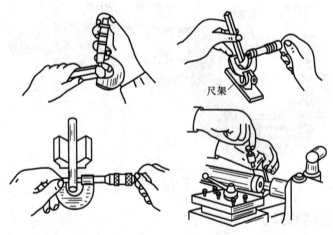

尺架

图 2-22　千分尺的使用方法

2．千分尺的使用注意事项

1）千分尺是一种精密量具，不宜测量粗糙毛坯面。

2）在测量工件之前，应检查千分尺的零位，即检查千分尺微分筒上的零线和固定套筒上的零线基准是否对齐（如图 2-23 所示），如不对齐，应加以校正。

3）测量时，转动测力装置和微分筒，直到测微螺杆和被测量面轻轻接触而内部棘轮发出"吱吱"响声，这时就可读出测量尺寸。

4）测量时要把千分尺位置放正，量具上的测量面（测钻端面）要在被测量面上放平放正。

5）加工铜件和铝件一类材料时，它们的线膨胀系数较大，切削中遇热膨胀会使工件尺寸增大。所以，要用切削液先浇后再测量，否则，测出的尺寸易出现误差。

6）不能用手随意转动千分尺，如图 2-24 所示，防止损坏千分尺。

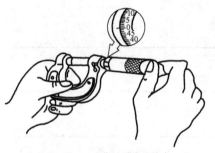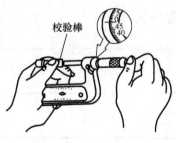

校验棒

（a）0~25mm 千分尺零位的检查　　　（b）大尺寸千分尺零位的检查

图 2-23　千分尺零位的检查

图 2-24　不能用手随意
转动千分尺

 **技能训练**

活动三技能训练内容见表 2-7。

表 2-7　活动三技能训练内容

课题名称	千分尺的认读与使用		课题开展时间		指导教师
学生姓名		分组组号			
操作项目	活动实施		技能评价		
			优良	及格	差
在图中相应位置标示出千分尺组成部分的名称					
认读	0~25mm 千分尺				
	25~50mm 千分尺				
使用	教师指定一工件，要求学生用千分尺测量出其外径，要求操作要正确				

活动三 学习体会与交流

_____

_____

_____

_____

_____

_____

活动四 百分表的认读与使用

任务目标

1. 了解百分表的结构组成。
2. 了解百分表的工作原理。
3. 掌握百分表的正确使用方法。

知识内容

百分表又称丝表，是一种指示式量具，其指示精度为 0.01mm（指示精度为 0.001mm 或 0.002mm 的称为千分表，也叫秒表）。常用的百分表有钟表式和杠杆式两种。

一、钟表式百分表

1. 钟表式百分表的结构

钟表式百分表的结构如图 2-25 所示。新式的钟表式百分表用数字计数和读数，如图 2-26 所示，称其为数显百分表。数显百分表可在其测量范围内任意给定位置，按表体上的置零按钮使显示屏上的读数置零后直接读出被测工件尺寸的正负偏差值。保持按钮可以使其正负偏差保持不变。数显百分表的测量范围是 0～30mm，分辨率为 0.001mm。数显百分表的特点是体积小，质量小，功耗小，测量速度快，结构简单，对环境要求不高。

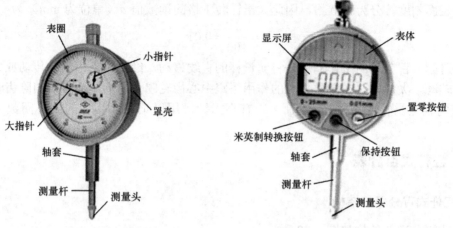

图 2-25 钟表式百分表的结构　　　　　图 2-26 钟表式数显百分表

2. 钟表式百分表的工作原理

钟表式百分表的工作原理如图 2-27 所示,测量杆上铣有齿条,与小齿轮啮合,小齿轮与大齿轮 1 同轴,并与中心齿轮啮合。中心齿轮上装有大指针。因此,当测量杆移动时,小齿轮与大齿轮 1 转动,这时中心齿轮与其轴上的大指针也随之转动。

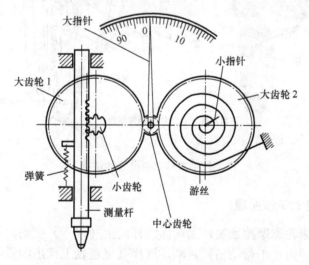

图 2-27 钟表式百分表的工作原理

测量杆的齿条齿距为 0.625mm,小齿轮的齿数为 16,大齿轮 1 的齿数为 100,中心齿轮的齿数为 10。当测量杆移动 1mm 时,小齿轮转动 1÷0.625=1.6 齿,即 1.6÷16=1/10 转,同轴的大齿轮 1 也转过了 1/10 转,即转过 10 个齿。这时中心齿轮连同大指针正好转过一周。由于表面上刻度等分为 100 格,因此,当测量杆移动 0.01mm 时,大指针转过 1 格。百分表工作原理的数学表达如下。

当测量杆移动 1mm 时,大指针转过的转数 n 为

$$n = \frac{\dfrac{1}{0.625}}{16} \times \frac{100}{10} = 1$$

由于表面刻度等分为 100 格，因此大指针转 1 格的读数值 a（单位为 mm）为

$$a = \frac{1}{100} = 0.01$$

由上可知，百分表的工作原理是将测量杆的直线移动，经过齿条齿轮的传动放大，转变为指针的转动。大齿轮 2 在游丝扭力的作用下跟中心齿轮啮合靠向单面，以消除齿轮啮合间隙所引起的误差。在大齿轮 2 的轴上装有小指针，用以记录大指针的回转圈数（即毫米数）。

二、杠杆式百分表

1. 杠杆式百分表的结构

杠杆式百分表的结构如图 2-28 所示。

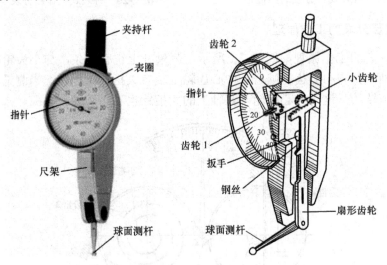

图 2-28　杠杆式百分表的结构

2. 杠杆式百分表的工作原理

球面测杆与扇形齿轮靠摩擦连接，当球面测杆向上（或下）摆动时，扇形齿轮带动小齿轮转动，再经齿轮 2 和齿轮 1 带动指针转动，这样就可在表上读出测量值。

杠杆式百分表的球面测杆臂长 l 为 14.85mm，扇形齿轮圆周展开齿数为 408，小齿轮为 21 齿，齿轮 2 圆周展开齿数为 72，齿轮 1 为 12 齿，百分表表面分为 80 格。当测杆转动 0.8mm（弧长）时，指针的转数 n 为

$$n = \frac{0.8}{2\pi \times 14.85} \times \frac{4080}{21} \times \frac{72}{12} = 1$$

由于表面等分成 80 格，因此指针每一格表示的读数值 a（单位为 mm）为

$$a = \frac{0.8}{80} = 0.01$$

由此可知，杠杆式百分表是利用杠杆和齿轮放大原理制成的。杠杆式百分表的球面测杆可以自下向上摆动，也可自上向下摆动。当需要改变方向时，只要扳动扳手，通过钢丝使扇形齿轮靠向左面或右面。测量力由钢丝产生，它还可以消除齿轮啮合间隙。

三、百分表的使用

1．百分表的使用方法

百分表一般用磁性表座固定，如图 2-29 所示，用来测量工件的尺寸、形位公差等。

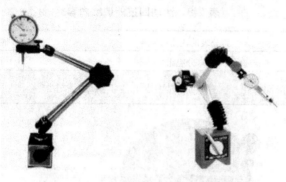

图 2-29   百分表在磁性表座中的安装

测量时，测量杆应垂直于测量表面，使指针转动 1/4 周，然后调整百分表的零位。杠杆式百分表的使用较为方便，当需要改变方向测量时，只需扳动扳手。如图 2-30 所示，是测量工件径向和端面圆跳动的方法。

2．百分表的使用注意事项

1）百分表是精密量具，严禁在粗糙表面上进行测量。

2）测量时，测量头与被测量表面接触并使测量头向表内压缩 1～2mm，然后转动表盘，使指针对正零线，再将表杆上下提几次，待表针稳定后再进行测量，如图 2-31 所示。

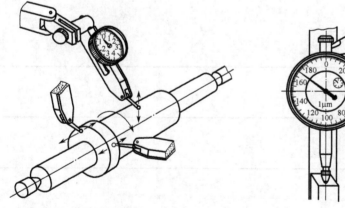

图 2-30   测量工作径向和端面圆跳动

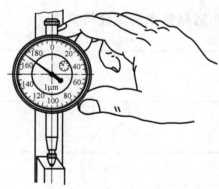

图 2-31   调整百分表零位

3）测量时测量头和被测量表面的接触尽量呈垂直位置，便于减少误差，保证测量准确。

4）不能随意拆卸百分表的零部件。

5）测量杆上不要加油，油液进入表内会形成污垢而降低百分表的使用灵敏度。

6）要轻拿稳放，尽量减少振动。

7）使用完毕后，要将百分表擦净放入盒内。

技能训练

活动四技能训练内容见表 2-8。

表 2-8　活动四技能训练内容

课题名称	百分表的认读与使用			课题开展时间	指导教师
学生姓名	分组组号				
操作项目	活动实施		技能评价		
			优良	及格	差
在图示中标出百分表组成部分的名称与位置					
使用	用百分表测量工件的平行度				
	组装内径百分表				
	用百分表测量工件的孔径				

 活动四学习体会与交流

活动五　万能角度尺的认读与使用

任务目标

1. 了解万能角度尺的结构组成。
2. 了解万能角度尺的读数原理。
3. 掌握万能角度尺的正确使用方法。

知识内容

万能角度尺也称万能量角器，它有扇形和圆形两种形式，常用的是扇形。其结构组成如图 2-32 所示。

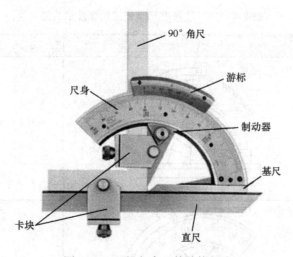

图 2-32　万能角度尺的结构组成

一、万能角度尺的读数

1．万能角度尺的读数原理

如图 2-33 所示，万能角度尺尺身刻度每格为 1°，游标上总角度为 29°，并等分为 30 格，每格所对的角度为 $\dfrac{29°}{30}=\dfrac{60'\times29}{30}=58'$。因此，主尺 1 格与游标 1 格相差 1°−58′=2′。

2．万能角度尺的读数方法

万能角度尺的读数方法与游标卡尺的读数方法相似，即先从尺身上读出游标零位线前面的整读数，然后在游标上读出分的数值，两者相加就是被测工件的角度数值。如图 2-34 所示的 2′ 的万能角度尺，尺身上游标零位线前的整读数为 10°，游标上分的读数为 50′，两者相加为 10°50′。

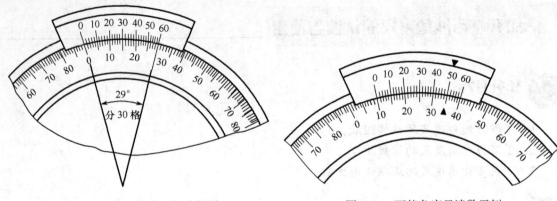

图 2-33　万能角度尺的读数原理　　　　　　图 2-34　万能角度尺读数示例

二、万能角度尺的使用

用万能角度尺检测外角度时，应根据工件角度的大小，选择不同的测量方法，见表 2-9。

表 2-9　用万能角度尺测量工件角度的方法

测 量 范 围	图 　 解	结 构 变 化
0°～50°		被测工件放在基尺和直尺的测量面之间
50°～140°		应卸下 90°角尺，用直尺代替
140°～230°		应卸下直尺，装上 90°角尺

（续表）

测 量 范 围	图　解	结 构 变 化
140°～230°	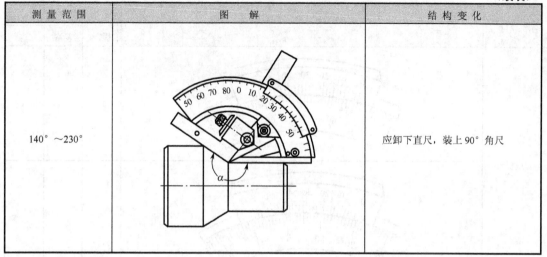	应卸下直尺，装上 90°角尺

若将角尺和直尺都卸下，由基尺和扇形板（尺身）的测量面形成的角度，还可测量 230°～320° 之间的工件。

三、技能训练

活动五技能训练内容见表 2-10。

表 2-10　活动五技能训练内容

课题名称	万能角度尺的认读与使用		课题开展时间	指导教师
学生姓名		分组组号		
操作项目	活动实施		技能评价	
			优良　及格　差	
在图中相应位置标出万能角度尺组成部分的名称	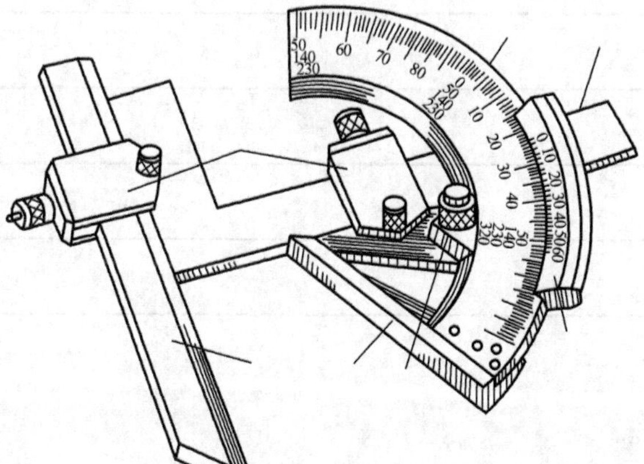			

（续表）

操作项目	活动实施	技能评价		
		优良	及格	差
认读				
使用	找类似下图所示的工件进行测量练习 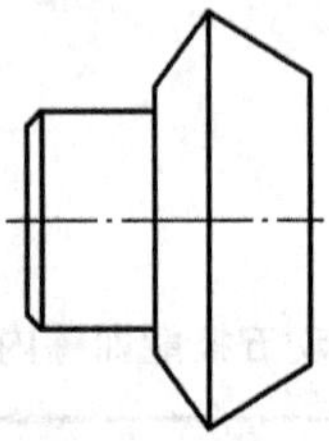			

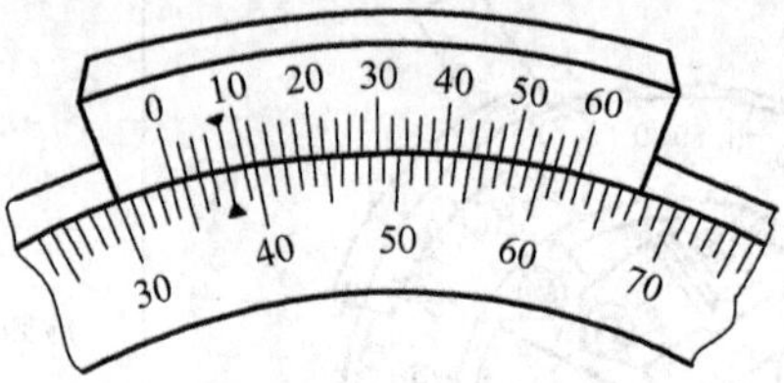

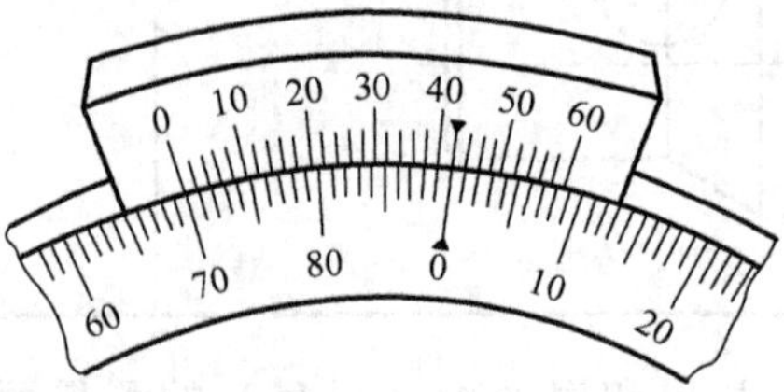

活动五　学习体会与交流

项目三　车轴类工件

轴是机器中最常用的零件之一，一般由外圆、端面、台阶、倒角、沟槽和中心孔等结构要素构成，如图 3-1 所示。

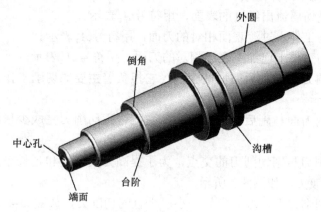

图 3-1　轴类工件示例

活动一　车刀的刃磨

任务目标

1. 掌握车刀几何要素的名称和主要作用。
2. 掌握车削轴类工件用车刀及其几何参数的选择原则。
3. 能根据不同车刀材料选择不同的砂轮。
4. 掌握 90° 车刀的刃磨方法。

知识内容

一、车刀的组成与主要角度

1. 车刀的组成

如图 3-2 所示为车刀组成示意图，它由刀头和刀柄两部分组成。刀头用于切削，又称切削部分；刀柄用于把车刀装夹在刀架上，又称夹持部分。

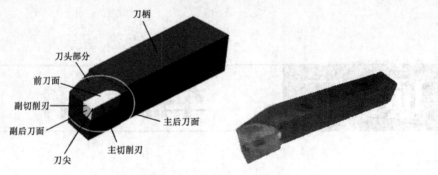

图 3-2　车刀的组成

车刀主要由以下几个部分组成。

1）前刀面。它是切屑流出经过的表面，用符号 A_r 表示。

2）主后刀面。与工件上过渡表面相对的刀面，用符号 A_a 表示。

3）副后刀面。与工件上已加工表面相对的刀面，用符号 A_a' 表示。

4）主切削刃。前刀面与主后刀面的交线，它担负着主要的切削工作，与工件上过渡表面相切，用符号 S 表示。

5）副后刀面。前刀面与副后刀面的交线，它配合主切削刃完成少量的切削工作，用符号 S' 表示。

6）刀尖。主切削刃与副切削刃的交点，为了提高刀尖强度和延长车刀寿命，多半刀头磨成圆弧或直线形过渡刃，如图 3-3 所示。

7）修光刃。副切削刃上，近刀尖处一小段平直的切削刃，如图 3-4 所示。它在切削时起修光已加工表面的作用。装刀时必须使修光刃与进给方向平行，且修光刃的长度必须大于进给量才能起到修光作用。

图 3-3　过渡刃示意图　　　　　　图 3-4　修光刃示意图

2. 车刀的角度与作用

（1）确定车刀几何角度的辅助平面

为确定和测量车刀的几何角度，通常假设以下 3 个辅助平面作为基准，如图 3-5 所示。

1）切削平面。通过刀刃上的任一点，与工件加工表面相切的平面，用符号 P_s 表示。

2）基面。通过主切削刃上的任一点，并垂直于该切削速度方向的平面，用符号 P_r 表示。

3）正交平面。通过主切削刃上的任一点，并与主切削刃在基面上的投影垂直的平面，用符号 P_o 表示。

（2）车刀的主要几何角度

车刀切削部分共有 6 个独立的基本角度，它们是主偏角、副偏角、前角、主后角、副后角和刃倾角；还有 2 个派生角度，分别是刀尖角和楔角，如图 3-6 所示。

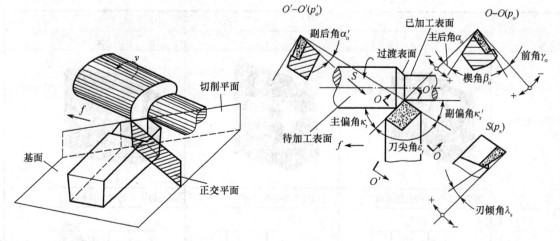

图 3-5 确定车刀几何角度的辅助平面　　　　图 3-6 车刀切削部分的主要角度

车刀切削部分几何角度的定义、作用与初步选择见表 3-1。车刀刃倾角的正负值规定见表 3-2。

表 3-1 车刀切削部分几何角度的定义、作用与初步选择

名 称		代 号	定 义	作 用	初 步 选 择
主要角度	主偏角	k_r	主切削刃在基面上的投影与进给运动方向之间的夹角。常用车刀主偏角有 45°、75°、90° 等	改变主切削刃的受力、导热能力，影响切屑的厚度	刚性差应选用大的主偏角，反之，则选用较小的主偏角
	副偏角	k_r'	副切削刃在基面上的投影与背离进给运动方向之间的夹角	减少副切削刃与工件已加工表面的摩擦，影响工件表面质量及车刀强度	粗车时副偏角选稍大些，精车时副偏角选稍小些。一般情况下副偏角取 6°～8°
	前角	γ_0	前刀面与基面间的夹角	影响刃口的锋利程度和强度，影响切削变形和切削力	车塑性材料或硬度较低的材料，可取较大的前角；车脆性材料或硬度较高的材料则取较小的前角 粗加工取较小的前角，精加工时取较大的前角 车刀材料的强度、韧性较差时，前角应取较小值，反之可取较大值
	主后角	α_0	主后刀面与主切削平面间的夹角	减少车刀主后刀面与工件过渡表面间的摩擦	车刀主后角一般选择 4°～12°
	副后角	α_0'	副后刀面与副切削平面间的夹角	减少车刀副后面与工件已加工表面的摩擦	副后角一般磨成与主后角大小相等
	刃倾角	λ_s	主切削刃与基面间的夹角	控制排屑方向	见表 3-2 中
派生角度	刀尖角	ε_r	主、副切削刃在基面上的投影间的夹角	影响刀尖强度和散热性能	用下式计算： $\varepsilon_r = 180° - (k_r + k_r')$
	楔角	β_0	前刀面与后刀面间的夹角	影响刀头截面的大小，从而影响刀头的强度	用下式计算： $\beta_0 = 90° - (\gamma_0 + \alpha_0)$

表 3-2　车刀刃倾角的正负值规定

内　　容	说明与图解		
	正值	零度	负值
正负值规定	$\lambda_s>0°$	$\lambda_s=0°$	$\lambda_s<0°$
	刀尖位于主切削刃最高点	主切削刃和基面平行	刀尖位于主切削刃最低点
排屑情况	切屑流向　f	切屑流向　f　$\lambda_s=0°$	切屑流向　f
	流向待加工表面方向	垂直主切削刃方向排出	流向已加工表面方向
刀头受力点位置	$\lambda_s>0°$　刀尖　S	$\lambda_s=0°$　刀尖　S	$\lambda_s<0°$　刀尖　S
	刀尖强度较差，车削时冲击点先接触刀尖，刀尖易损坏	刀尖强度一般，冲击点同时接触刀尖和切削刃	刀尖强度较高，车削时冲击点先接触远离刀尖的切削刃处，从而保护了刀尖
适用场合	精车时，应取正值，一般为 $0°\sim8°$	工件圆整、余量均匀的一般车削时，应取 0 值	断续切削时，为了增加刀头强度应取负值，一般为 $-15°\sim-5°$

二、加工不同精度的车刀

　　轴类工件的车削一般可分为粗车和精车两个阶段。粗车和精车的目的不同，因而对所用车刀的要求也存在较大差别。

1. 粗车刀

　　粗车的作用是提高劳动生产率，尽快将毛坯上的余量车去。其切削过程中具有吃刀深和进给快的特点，所以粗车刀必须有足够的强度，能一次进给车去较多的余量。粗车刀的选择原则如下。

　　1）主偏角 k_r。主偏角不宜太小，否则车削时容易引起振动。为使车刀不但能承受较大的切削力，而且有利于切削刃散热，特别是当工件外圆形状许可时，主偏角最好选择75°左右。

2）前角 γ_0 和主后角 α_0。为了增加刀头强度，前角和主后角应选小些。但要注意前角太小反而会增大切削力。

3）刃倾角 λ_s。为增加刀头强度，刃倾角取 $-3°\sim0°$。

4）倒棱宽度 b_{r1} 与倒棱前角 γ_{01}。为增加切削刃的强度，主切削刃上应磨有倒棱，倒棱宽度为 $b_{r1}=（0.5\sim0.8）f$，倒棱前角 $\gamma_{01}=-10°\sim-5°$，如图 3-7 所示。

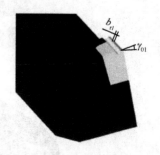

图 3-7　倒棱

5）过渡刃。粗车刀采用直线形过渡刃，其过渡刃偏角 $k_{re}=k_r/2$，过渡刃长度 $b_\varepsilon=(0.5\sim2)mm$。

为使切屑能自行折断，车刀前刀面上还应磨有断屑槽。

2．精车刀

精车的作用是使工件达到规定的技术要求，因此要求车刀锋利，切削刃平直光洁，必要时还可磨出修光刃。精车时必须使切屑排向工件的待加工表面。精车刀的选择原则如下。

1）偏角 k_r'。为了减小工件表面粗糙度值，应取较小的副偏角。

2）修光刃。在副切削刃上磨出修光刃，一般修光刃的长度为 $b_\varepsilon'=（1.2\sim1.5）f$。

3）前角 γ_0。一般应大些，以使车刀锋利，车削轻快。

4）主后角 a_0。精车时对车刀强度的要求不高，允许取较大的后角，以减少车刀和工件之间的摩擦。

5）刃倾角 λ_s。为了使切屑排向工件的待加工表面，应选用正值的刃倾角（一般取 $\lambda_s=3°\sim8°$）。

另外，为保证排屑顺利，特别是在精车塑性金属时，前面应磨出相应宽度的断屑槽。

三、加工不同结构要素的车刀

常用的外圆、端面和台阶用车刀的主偏角有 45°、75° 和 90° 等几种，按进给方向又都分为左、右两把，如图 3-8 所示。

1．45°车刀

45° 车刀常用于车削工件的端面和进行 45° 倒角，也可用来车削长度较短的外圆，如图 3-9 所示。

2．75°车刀

75° 车刀适用于粗车轴类工件的外圆和对加工余量较大的铸锻件外圆进行强力车削。应用 75° 左车刀（反车刀），还可车削铸锻件的大端面，如图 3-10 所示。

3．90°车刀

90° 车刀一般用来车削工件的外圆、端面、台阶，如图 3-11 所示。但在车端面时，如果车刀上工件外缘向中心进给，则是用副切削刃车削，当背吃刀量较大时，因切削力的作用会使车刀扎入工件端面，形成凹面。为防止产生凹面，可采用由中心向外缘进给的方法。

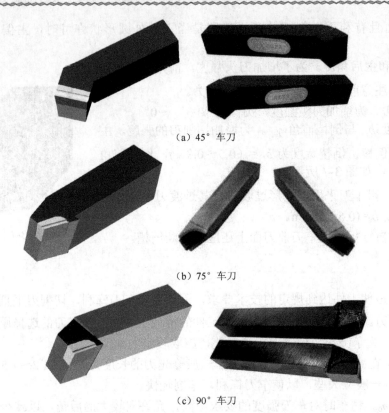

（a）45°车刀

（b）75°车刀

（c）90°车刀

图 3-8　加工不同结构要素的车刀

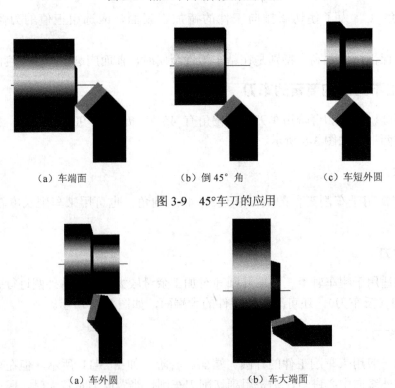

（a）车端面　　　　　（b）倒45°角　　　　　（c）车短外圆

图 3-9　45°车刀的应用

（a）车外圆　　　　　　　　（b）车大端面

图 3-10　75°车刀的应用

（a）车外圆　　　　　　　　　（b）车端面　　　　　　　　　（c）车台阶

图 3-11　90°车刀的应用

四、车刀的刃磨

在切削过程中，车刀的前刀面和后刀面处于剧烈的摩擦和切削热的作用中，这会使车刀的切削刃口变钝而失去切削能力，因此必须通过刃磨来恢复切削刃口的锋利和正确的几何角度。下面以 90°车刀为例，详细讲解其刃磨的方法。

1．砂轮的选用

刃磨车刀的砂轮大多采用平形砂轮，按其磨料的不同分为氧化铝砂轮和碳化硅砂轮两类。砂轮的粗细以粒度表示，一般可分为 36 粒、60 粒、80 粒和 120 粒等级别。粒度愈大则表示组成砂轮的磨料愈细，反之愈粗。粗磨车刀时应选用粗砂轮，精磨车刀时应选用细砂轮。车刀刃磨时必须根据其材料来选定砂轮，见表 3-3。

表 3-3　砂轮的选用

砂轮类型	图　解	特　征	应 用 范 围
氧化铝		又称刚玉砂轮，多呈白色，其磨粒韧性好，比较锋利，硬度较低，自锐性好	适用于刃磨高速钢车刀和硬质合金车刀的刀体部分
碳化硅		多呈绿色，其磨粒的硬度较高，刃口锋利，但其脆性大	适用于刃磨硬质合金车刀

2．车刀的刃磨

（1）90°车刀的几何角度

90°车刀及其几何角度如图 3-12 所示。

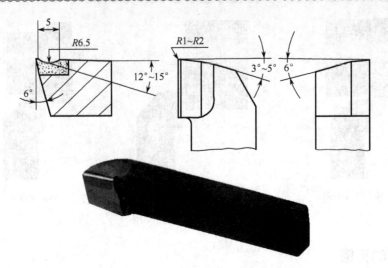

图 3-12　90°车刀及其几何角度

（2）刃磨方法

90°车刀的刃磨方法如下。

1）磨焊渣。选用粒度为 24#～36# 的氧化铝砂轮，先磨去车刀前刀面和后刀面上的焊渣。

2）刃磨主后刀面。前刀面向上，主切削刃与砂轮外圆平行（即 90°主偏角），在略高于砂轮中心水平位置处，将车刀翘起一个 6°的角度（主后角角度），刃磨出车刀主后刀面，同时磨出主偏角和主后角，如图 3-13 所示。

3）刃磨副后刀面。前刀面向上，刀柄向右偏摆 3°～5° 左右（副偏角角度），在略高于砂轮中心水平位置处，将车刀翘起一个 6°的角度（副后角角度），刃磨出车刀副后刀面，同时磨出副偏角和副后角，如图 3-14 所示。

图 3-13　刃磨主后刀面

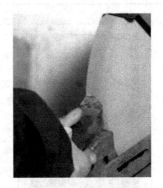

图 3-14　刃磨副后刀面

4）刃磨前刀面。主后刀面向上，车刀刀柄和主切削刃与砂轮外圆平行（0°的前角和刃倾角），刃磨出车刀前刀面，如图 3-15 所示。

5）刃磨断屑槽。刃磨断屑槽时，必须将砂轮的外圆和端面的交角处用金刚石笔或硬砂条修成相应的圆弧，如图 3-16 所示。刃磨时刀头可向下磨或向上磨，如图 3-17 所示。

6）刃磨刀尖圆弧。车刀刀柄与砂轮成 45°夹角，以左手握车刀前端为支点，用右手转动车刀尾部刃磨，如图 3-18 所示。

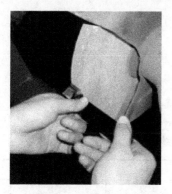

图 3-15 刃磨前刀面

图 3-16 用金刚石修整砂轮边角

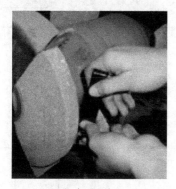

（a）向下刃磨

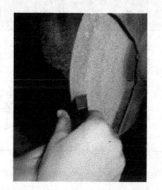

（b）向上刃磨

图 3-17 刃磨断屑槽

7）刀在砂轮上刃磨好后，应用细油石研磨其刀刃。研磨时，手持油石在车刀刀刃上来回移动。要求动作平稳，用力均匀，如图 3-19 所示。

图 3-18 刃磨刀尖圆弧

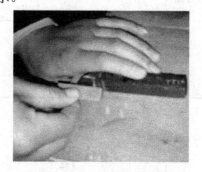

图 3-19 用油石研磨车刀

操作提示

1）刃磨车刀时人站在砂轮侧面，以防止伤人。

2）双手握刀要稳，以减少磨削时的抖动。

3）磨刀时车刀应略高于砂轮中心位置磨削。

4）磨刀时车刀要直线移动，将切削刃磨平直。

5）磨削高速钢车刀时要注意冷却，磨削硬质合金车刀时切不可将高温刀头沾水，以防止刀头温度骤变产生裂纹。

技能训练

活动一技能训练内容见表 3-4。

表 3-4　活动一技能训练内容

课题名称	车刀的刃磨		课题开展时间		指导教师
学生姓名		分组组号			
操作项目	活动实施		技能评价		
			优良	及格	差
在图中相应位置标出车刀的结构组成的名称					
用规定的刀具符号在图中填写出车刀的 6 个基本角度					
车刀刃磨	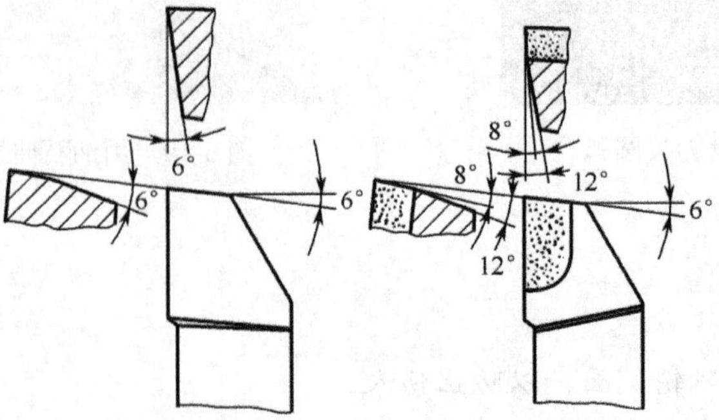 毛坯车刀　　　　硬质合金车刀				

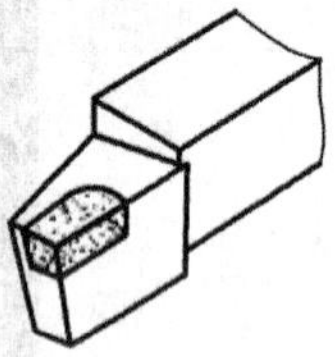

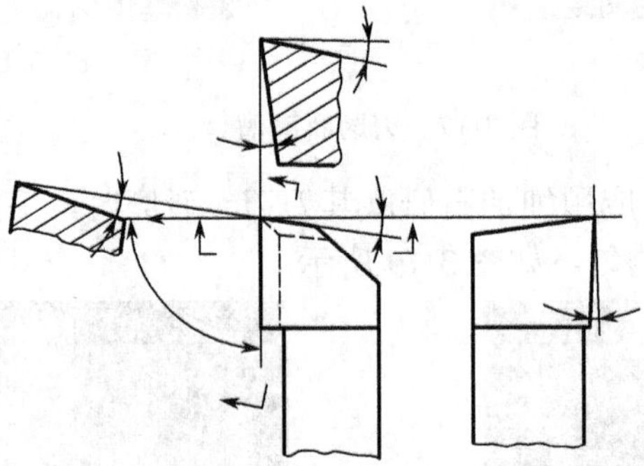

活动一　学习体会与交流

_____

_____

_____

_____

_____

_____

活动二　外圆、端面和台阶的车削

任务目标

1. 掌握车刀的安装方法。
2. 掌握外圆、端面、台阶的车削方法。
3. 能对简单的外圆、端面和台阶综合工件进行加工。

知识内容

一、车刀的安装

车刀在刀架上的安装，直接影响车削的进行和工件的加工质量。所以，在装夹车刀时应注意以下事项。

1）车刀装夹在刀架上的伸出长度应尽量短一些，以增强其刚性。一般刀柄伸出长度约为刀柄厚度的 1～1.5 倍，如图 3-20 所示。

2）车刀下面垫片的数量要尽量少，一般为 1～2 片，并与刀架边缘对齐，且至少要用两个螺钉平整压紧，以防振动，如图 3-21 所示。

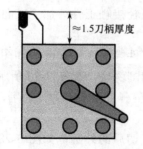

图 3-20　车刀在刀架上伸出的长度

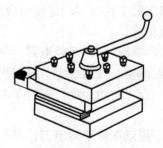

图 3-21　车刀垫片的安放

3）装刀时应使车刀刀尖与工件旋转中心等高。否则在车端面至中心时会留有凸台或造成刀尖碎裂，如图 3-22 所示。

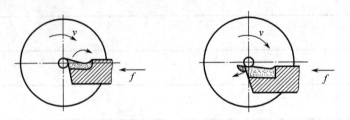

图 3-22　车刀刀尖不对准工件旋转中心的后果

为使车刀刀尖对准工件旋转中心，通常采用如图 3-23 所示的方法。另外，也可将车刀靠近工件端面，用目测法估计车刀的高低，然后夹紧车刀，试车端面，再根据端面的中心来调整车刀。

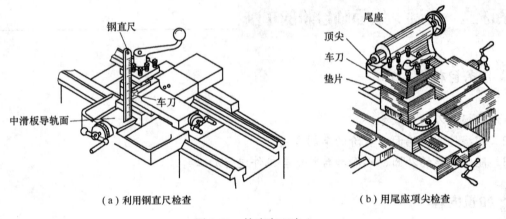

（a）利用钢直尺检查　　　　　　　　　　（b）用尾座顶尖检查

图 3-23　检查车刀中心

二、车外圆

将工件装夹在卡盘上，车刀安装在刀架上，使之接触工件并做相对纵向进给运动，便可车出外圆。

车外圆的具体操作方法如下。

1）准备。根据图样要求，检查工件各部分的加工余量，并根据加工要求，选定合适的切削用量。

2）对刀。启动车床，使工件旋转。左手摇动床鞍手轮，右手摇动中滑板手轮，使车刀刀尖由远处逐渐靠近工件（移动速度由快到慢），并轻轻接触工件待加工表面，如图 3-24 所示，记住中滑板刻度。

3）退刀。反向摇动床鞍手轮退刀，使车刀距离工件端面 3～5 mm，如图 3-25 所示。

4）调整切削深度。按照设定的进刀次数，选定切削深度，如图 3-26 所示。

5）试切削。合上进给手柄，纵向车削 2～3 mm 左右，该步称为试切削，精车时常用，如图 3-27 所示。

6）试测量。摇动床鞍手轮退刀，停车进行测量试切后的外圆，如图 3-28 所示。然后根据情况对切削深度进行修正。

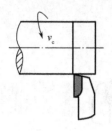

图 3-24 外圆对刀

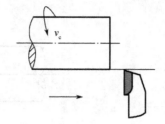

图 3-25 退刀

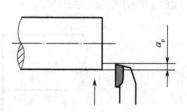

图 3-26 调整切削深度

7）再切削。再合上进给手柄，当车至所需长度时，停止进给，退刀后停车，如图 3-29 所示。

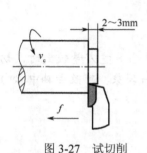

图 3-27 试切削

图 3-28 试测量

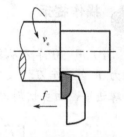

图 3-29 再切削

 操作提示

1）车削前应及时检测工件毛坯尺寸，保证有足够的加工余量。
2）工件装夹后必须校正。

三、车端面

车端面的步骤如下。

1）对刀。启动车床，使工件旋转。左手摇动床鞍手轮，右手摇动中滑板手轮，使车刀刀尖由远处逐渐靠近工件端面（移动速度由快到慢），然后移动小滑板，使车刀刀尖轻轻接触工件端面，如图 3-30 所示。

2）退刀。反向摇动中滑板手轮退刀，使车刀距离工件外圆 3～5 mm，如图 3-31 所示。

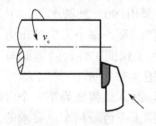

图 3-30 端面对刀

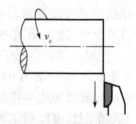

图 3-31 端面退刀

3）调整切削深度。摇动小滑板手轮，使车刀纵向移动 0.5～1mm 左右，如图 3-32 所示。

4）车端面。合上进给手柄车端面，如图 3-33 所示，在车至近中心处时，断开机动进给，改用手动进给车至中心。

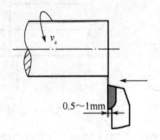

图 3-32 调整端面切削深度

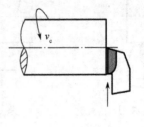

图 3-33 车端面

 操作提示

1）用 90°车刀从外向中心走刀时，一定要将床鞍锁紧，特别是当背吃刀量较大时，切削力 F 会使车刀扎入工件，形成凹面，如图 3-34 所示。为避免这一现象，可改由轴中心向外缘进给，由主切削刃切削，但背吃刀量应取小值，如图 3-35 所示。

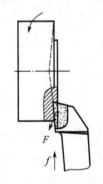

图 3-34 车刀由外向里进刀

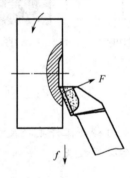

图 3-35 车刀由里向外进刀

2）车削时要保持车刀锋利，并调整好滑板镶条，压紧刀架，否则背向力会使车刀产生让刀。

四、车台阶

车台阶时不仅要车外圆，而且还要车端面，这既要保证外圆和台阶长度尺寸，又要满足台阶平面与工件轴线的垂直度要求。台阶的车削常采用 90°外圆车刀。车刀的安装应根据粗、精车和余量的多少来调整。粗车时为了增加切削深度，减小刀尖的压力，车刀安装时主偏角可小于 90°（一般为 85°～90°）。精车时为了保证工件台阶端面与工件轴线的垂直度，应取主偏角大于90°（一般为 93°左右），如图 3-36 所示。

车台阶工件时，一般分为粗车和精车。粗车台阶时，只需要为第 1 个台阶留出长度方向的精车余量，其实际车削长度比规定长度略短，将第 1 个台阶精车至要求的尺寸后，第 2 个台阶的精车余量自动产生，依此类推，直至各台阶精车至要求的尺寸。另外，精车时，在机动进给精车外圆至接近台阶处时，断开机动进给，改由手动进给车至台阶面，并在车至台阶面时，将纵向进给变为横向进给，移动中滑板由里向外车台阶平面，以确保对轴线的垂直度要求。

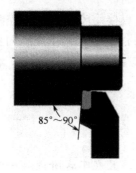
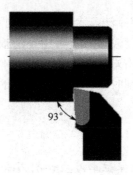

图 3-36　车台阶时车刀的安装

车削高度在 5mm 以下的台阶时，可在一次进给中车出，车高于 5mm 以上的台阶时，应分层进行车削，如图 3-37 所示。

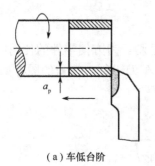
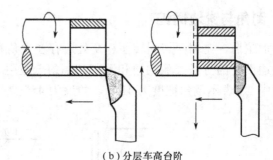

（a）车低台阶　　　　　　　　　　　（b）分层车高台阶

图 3-37　车台阶的方法

车台阶时，准确掌握台阶长度的关键是按图样选择正确的测量基准。若基准选择不当，将造成积累误差而产生废品，尤其是多台阶的工件。通常控制台阶长度尺寸的方法有以下几种。

1）刻线法。如图 3-38 所示，先用钢直尺或样板量出台阶的长度尺寸，用车刀刀尖在台阶的所在位置处划出一条细痕，然后再车削。

2）挡铁定位控制法。如图 3-39 所示，在成批生产台阶轴时，为了准确迅速地掌握台阶长度，可用挡铁来控制。先把挡铁 1 固定在床身导轨上，与图中台阶 a_3 的轴向位置一致。挡铁 2、3 的长度分别等于 a_2、a_1 的长度。当床鞍纵向进给碰到挡铁 3 时，工件台阶 a_1 的长度车好；拿去挡铁 3，调整好下一个台阶的切削深度，继续纵向进给，当床鞍碰到挡铁 2 时，台阶长度 a_2 车好；当床鞍碰到挡铁 1 时，台阶长度 a_3 车好。这样就完成了全部台阶的车削。

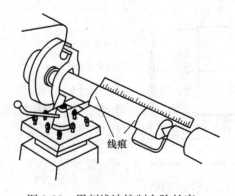
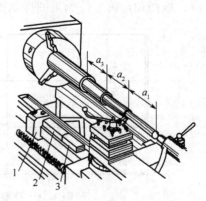

图 3-38　用刻线法控制台阶长度　　　　　图 3-39　挡铁定位控制台阶长度

3）刻度盘控制法。台阶长度尺寸要求较低时，可直接用床鞍刻度盘控制；台阶长度尺寸要求较高且长度较短时，可用小滑板刻度盘控制。方法是将床鞍由尾座向主轴方向移动，将车刀摇至工件右端，使车刀接触工件端面，调整床鞍刻盘至"0"刻度，然后根据车削台阶长度计算出车削时刻度盘应该转过的格数。

 操作提示

1）装刀时应保证车刀主切削刃垂直于工件轴心线，且在车台阶最后一刀时应从里向外走刀车出，否则台阶会不垂直。

2）车削时应及时正确测量工件，并时刻注意自动进给时应提前关停走刀，改为手动进给至尺寸，否则会使台阶长度不正确。

五、倒角与锐边倒钝

工件加工后，在端面与回转面相交处还存在尖角和小毛刺。为方便零件的使用，常采用倒角和锐边倒钝的方法去除尖角和毛刺。倒角一般用 45° 车刀进行。倒角的图样如图 3-40 所示，图中 C1 表示倒角宽度为 1mm，角度为 45°。

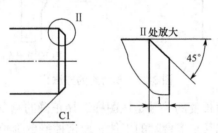

图 3-40　倒角图样

加工中，若图样对倒角未做特殊的说明，为去除尖角和毛刺，一般要用很小的倒角，即 C0.2（或 C0.5），或者用锉刀来修锉尖角与毛刺。

六、操作实例

1. 加工图样

外圆、端面和台阶工件加工图样如图 3-41 所示。

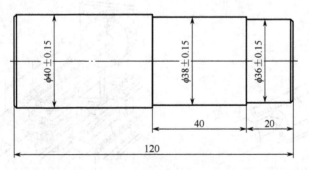

技术要求：

1. 全部 Ra3.2μm。

2. 倒角 C1。

3. 备料 φ42mm×122mm。

4. 锐边倒钝。

图 3-41　外圆、端面和台阶工件加工图样

2．加工操作

（1）图样分析

1）该工件为一般的轴类零件，以保证工件尺寸精度和表面粗糙度要求为主。

2）各表面之间位置要求虽然不高，但其同轴度误差也不能超过$\phi 0.1mm$，因而调头后必须找正。

3）主要尺寸$\phi 38\pm0.15$、$\phi 36\pm0.15$的长度40和20的测量基准为工件右端面。

4）工件各外圆表面间的台阶不高（为1mm），因而只能倒棱，即C0.2。

（2）选用切削用量

具体的切削用量见表3-5。

表3-5　外圆、端面和台阶加工时的切削用量

要　素	加工性质	
	粗　车	精　车
背吃刀量a_p（mm）	视加工要求而定	0.25～0.4
进给量f（mm/r）	0.25～0.3	0.1～0.15
转速n（r/min）	400～600	750～800

（3）操作准备

准备好 CA6140 型车床、$\phi 42mm\times 122mm$ 的 45 钢棒料、90°车刀、45°车刀、游标卡尺等，如图 3-42 所示。

图 3-42　操作准备

（4）操作步骤

外圆、端面和台阶工件的加工操作步骤见表3-6。

表3-6　外圆、端面和台阶工件的加工操作步骤

步　骤	操作说明	图　解
装夹工件	工件采用三爪自定心卡盘直接装夹，保证伸出长度 70mm 左右，找正夹紧	

（续表）

步　骤	操　作　说　明	图　解
安装车刀	将 90°车刀、45°车刀安装在刀架上	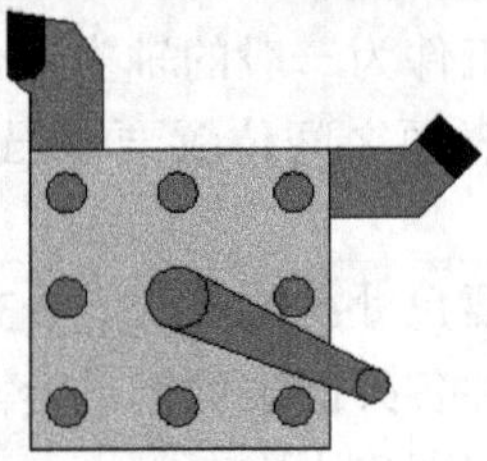
车端面	用 90°外圆车刀车左端面（端面加工余量为 0.5～1mm 左右）	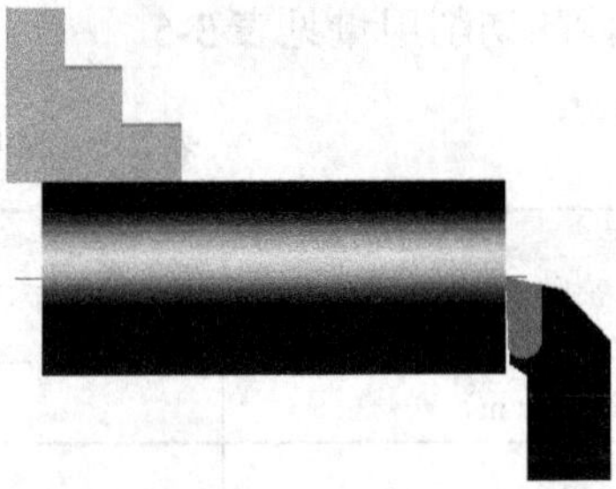
车φ40 外圆	粗、精车φ40±0.15mm 至尺寸要求，长度大于 60mm	
倒角	用 45°车刀对φ40mm 外圆倒角 C1	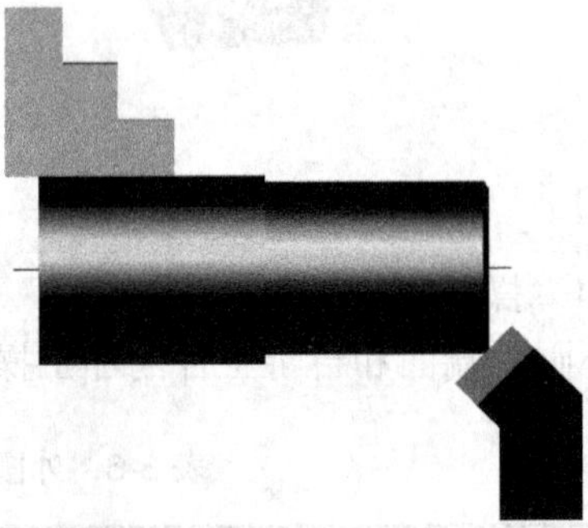
调头	工件调头夹φ40mm 外圆，伸出长度 70mm 左右，找正夹紧（工件找正时要找正已加工表面）	

（续表）

步　骤	操　作　说　明	图　解
控总长	粗、精车右端面，保证总长 120mm 至尺寸要求	
粗、精车外圆	粗车 $\phi 38\pm 0.15$mm、$\phi 36\pm 0.15$mm 外圆，留精车余量 0.3～0.5mm；精车 $\phi 38\pm 0.15$mm、$\phi 36\pm 0.15$mm 外圆，长 40mm、20mm 至图样要求	
倒角、去锐边	倒角 C1，并按要求去锐边	

加工后的零件如图 3-43 所示。

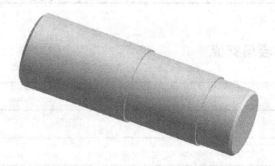

图 3-43　加工后的零件立体图

技能训练

活动二技能训练内容见表 3-7。

表 3-7　活动二技能训练内容

课题名称	外圆、台阶、端面的车削		课题开展时间	指导教师
学生姓名	分组组号			
操作项目	活动实施		技能评价	
			优良	及格	差
使用车床的型号					
完成右图所示工件的车削加工	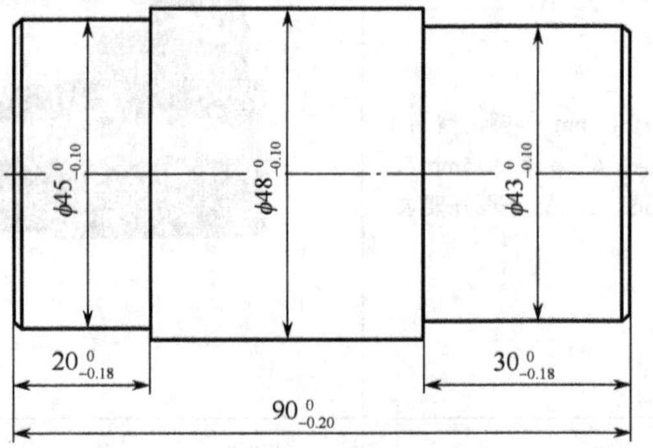  材料：45 钢 备料：$\phi50mm\times92mm$ 技术要求： 1. 全部 $Ra3.2\mu m$ 2. 倒角 C1（锐边倒棱）				

图中标注：$\phi45_{-0.10}^{0}$　$\phi48_{-0.10}^{0}$　$\phi43_{-0.10}^{0}$
$20_{-0.18}^{0}$　$30_{-0.18}^{0}$　$90_{-0.20}^{0}$

 活动二学习体会与交流

活动三 车槽与切断

任务目标

1. 掌握切断刀（车槽刀）的几何要素名称和主要角度。
2. 掌握切断刀（车槽刀）的刃磨方法。
3. 掌握外沟槽与切断的方法。
4. 了解减少振动和防止刀体折断的方法。

知识内容

一、切断刀与切槽刀

1. 切断刀（车槽刀）的结构

在车削加工时，切断刀是以横向进给为主的。切断刀的外形结构如图 3-44 所示，其前端的切削刃是主切削刃，两侧的切削刃是副切削刃（一般外沟槽刀的角度和结构形状与切断刀基本相同）。一般切断刀的主切削刃较窄，刀柄较长，因此刀体强度较差，所以在选择刀体的几何参数和切削用量时要特别注意提高切断刀的强度。

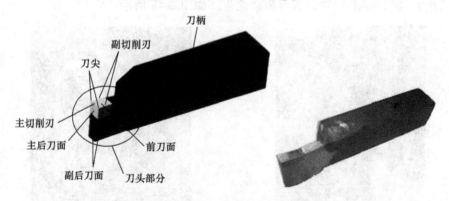

图 3-44 切断刀的外形结构

切断刀（车槽刀）的几何角度如图 3-45 所示。

为了减少工件材料的浪费，保证切断实心工件时能切到工件的中心，同时又能保证切断刀的刀体强度，因此，切断刀（车槽刀）刀头宽度 a 和刀头长度 L 可按下面的公式计算：

$$a = (0.5 \sim 0.6)\sqrt{d}$$
$$L = h + (2 \sim 3)$$

式中　a——刀头宽度，mm；

　　　d——初切断工件的直径，mm；

　　　L——刀头长度，mm；

h——切入深度，mm。切实心工件时，h 等于工件半径；切空心工件时，h 等于壁厚，如图 3-46 所示。

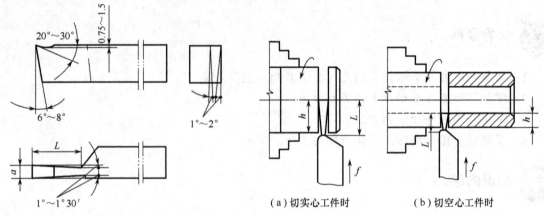

图 3-45　切断刀（车槽刀）的几何角度　　　图 3-46　切断刀的刀头长度与切入深度

2. 切断刀（车槽刀）的刃磨

切断刀（车槽刀）的刃磨方法如下。

1）粗磨主后刀面。前刀面向上，主切削刃与砂轮外圆平行，刀头略向上翘 $6° \sim 8°$（形成主后角），如图 3-47 所示。

2）粗磨左侧副后刀面。刀头向里摆 $1° \sim 1.5°$（形成副偏角），刀头略向上翘 $1° \sim 2°$（形成副后角），同时磨出左侧副后角和副偏角，如图 3-48 所示。

　　　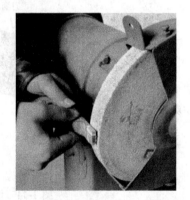

图 3-47　粗磨主后刀面　　　　　　图 3-48　粗磨左侧副后刀面

3）粗磨右侧副后刀面。刀头向里摆 $1° \sim 1.5°$（形成副偏角），刀头略向上翘 $1° \sim 2°$（形成副后角），同时磨出右侧副后角和副偏角，如图 3-49 所示。

4）粗、精磨前刀面。同时磨出前角，如图 3-50 所示。

5）采用第 1）步的方法，精磨主后刀面。

6）采用第 2）步的方法，精磨左侧副后刀面。

7）采用第 3）步的方法，精磨右侧副后刀面。

8）修磨两侧过渡刃，如图 3-51 所示。

图 3-49　粗磨右侧副后刀面

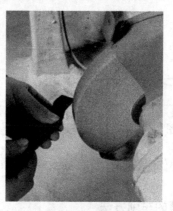
图 3-50　粗、精磨前刀面

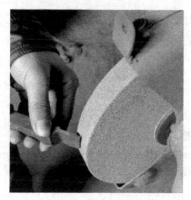
（a）修磨左侧过渡刃

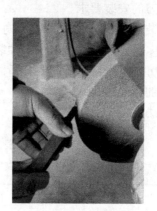
（b）修磨右侧过渡刃

图 3-51　修磨过渡刃

 操作提示

1）切刀卷屑槽不宜刃磨太深，一般为 0.75～1.5mm，如图 3-52 所示。卷屑槽太深，刀头强度低，易折断，如图 3-53 所示。

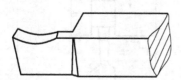
图 3-52　切刀卷屑槽

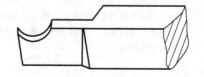
图 3-53　卷屑槽太深

2）切刀前面不允许磨得过低或形成台阶形，如图 3-54 所示，这种切刀切削不顺畅，排屑也困难，切削负荷大增，刀头也易折断。

3）刃磨切刀时，其两侧的副后角应以车刀底面为基准，用钢直尺或 90°角尺检查。其副后角不能出现负值，如图 3-55 所示，否则切断时刀具会与工件侧面发生摩擦；副后角过大，刀头强度会降低，切削时易折断。

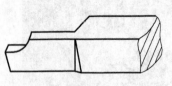

图 3-54　切刀前面磨得过低

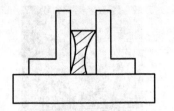

图 3-55　副后角为负值

二、车外沟槽与切断

1. 外沟槽的车削方法

（1）车槽刀的安装要求

车槽刀安装时不宜伸出过长，同时车槽刀的中心线必须装得与工件中心线垂直，保证两副偏角的对称；另外，车槽刀也必须装得与工件中心等高，否则车槽刀的主后刀面会与工件摩擦，造成切削困难，严重时还会折断刀具。

（2）车槽的方法

车槽的方法见表 3-8。

表 3-8　车槽的方法

加工内容	操作说明	图解	进刀路线
要求不高，宽度较窄	可用刀宽等于槽宽的切断刀（车槽刀），采用直进法一次进给车出		↑
精度要求高	一般采用二次进给完成。第一次进给车槽时，槽壁两侧留有精车余量，第二次进给时用等宽的车槽刀修整。也可用原车槽刀根据槽深和槽宽进行精车		←↑→
宽槽	车削较宽的矩形槽时，可用多次直进法进行切割，并在槽壁两侧留有精车余量，然后根据槽深和槽宽精车至尺寸要求		←↑→

（续表）

加工内容	操作说明	图　解	进刀路线
梯形槽	车削较小的梯形槽时，一般以成形刀一次车削完成；较大的梯形槽，通常先车削直槽，然后用梯形刀采用直进法或左右切削法车削完成（见右图）		

 操作提示

1）车削时应根据槽宽刃磨正确的切刀，或者根据槽宽选择正确刀宽的切刀。

2）要看清图样尺寸，并仔细计算，切削时还应正确定位并认真测量。

3）对留有磨削余量的工件，切槽时必须把余量考虑进去。

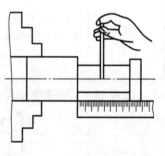

（3）沟槽的检查与测量

对于精度要求较低的沟槽，可用钢直尺直接测量，如图 3-56 所示；对于精度要求较高的沟槽，通常用千分尺、样板和游标卡尺测量，如图 3-57 所示。

图 3-56　用钢直尺测量沟槽

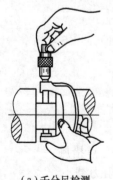

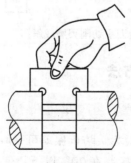

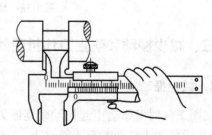

（a）千分尺检测　　　　　　（b）样板检测　　　　　　（c）游标卡尺检测

图 3-57　对精度要求较高的沟槽的检测

2. 切断

工件的切断有很多种方法，具体见表3-9。

表 3-9　工件切断的方法

切断方法	说　明	图　　解	进刀路线	特点适
直进法	垂直于工件轴线方向进行切断	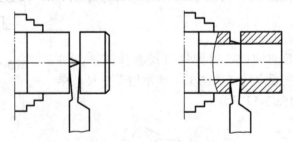		切断效率高，但对车床、切断刀的刃磨和安装都有较高的要求，否则就容易造成刀头折断
左右借刀法	切断刀在轴线方向反复地往返移动，随之两侧径向进给，直到工件切断			在刀具、工件及车床刚性不足的情况下，可采用左右借刀法进行切断
反切法	反切法是指工件反转，车刀反向安装			宜用于较大工件的切断

注：为了使被切下的工件不带有小凸头，或者带孔工件不留变形毛刺，可以将切断刀的主切削刃稍微磨斜一些，如图3-58所示。

图 3-58　切断刀主切削刃磨成斜刃

三、减少振动和防止刀体折断的方法

1. 减少振动

切断工件时经常会引起振动使切断刀振坏。防止振动可采取以下几点措施：

1）适当加大前角，但不能过大，一般控制在20°以下，使切削阻力减小。

2）在适当加大前角的同时，适当减小后角，让切断刀刃附近起消振作用把工件稳定，防止振动。

3）大直径工件宜采用反切法进行，既可防止振动，排屑也方便。

4）选用适宜的主切削刃宽度。

5）将刀柄下面做成"鱼肚形"，增大刀柄强度，如图 3-59 所示。

图 3-59 "鱼肚形"切断刀刀柄

2．防止刀体折断的方法

1）增加刀柄强度，切断刀的副后角与副偏角不要过大，其前角也不宜过大，否则，易产生"扎刀"现象，使刀柄折断。

2）切断刀安装应正确，不得歪斜、高于或低于工件中心太多。

3）切断毛坯工件时，应先车圆工件后再切断，或者开始时尽量减少进给量。

4）手动进给切断工件时，应连续、均匀摇动手柄，若切削中必须停车，应先退刀，再停车。

操作提示

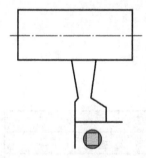

图 3-60 外圆母线对刀保证平行

1）要正确刃磨车刀，两刀尖圆弧应刃磨对称，否则刀尖圆弧磨损不一致，主切削刃受力会使被切表面凹凸不平。

2）切刀在安装时，一定要保证其主切削刃与工件轴心线平行，如图 3-60 所示。

3）切刀在安装时应使其主切削刃与工件旋转中心等高，如图 3-61 所示，是利用尾座顶尖高度找正切刀中心高的。否则不能车至工件中心，而且也易崩刀，甚至折断切刀。

4）对于直径较大的工件，不能直接切断完成，应留少许余量，最后折断（或敲断），如图 3-62 所示。

图 3-61 切刀中心高的找正

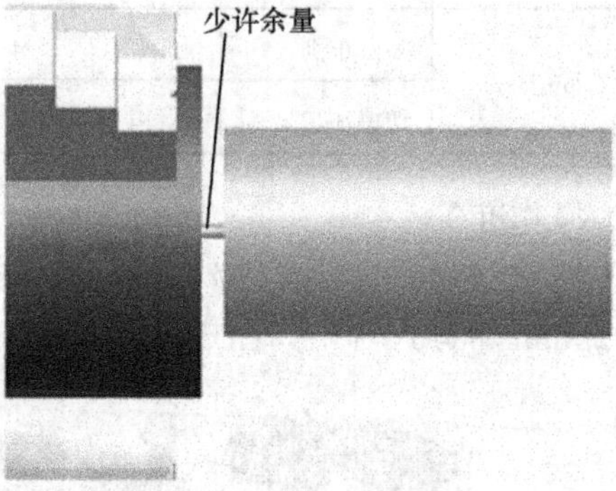

少许余量

图 3-62 不直接切断工件的情况

四、操作实例

1．加工图样

切槽工件加工图样如图 3-63 所示。

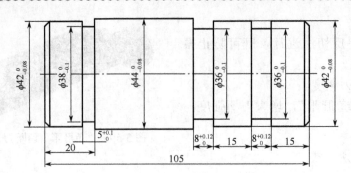

图 3-63 切槽工件加工图样

技术要求：

1. 全部 $R_a3.2\mu m$。

2. 倒角 C2。

3. 备料 $\phi45mm\times107mm$。

4. 锐边倒钝。

2. 加工操作

（1）图样分析

除了要保证各主要尺寸精度、表面粗糙度外，工件还应保证沟槽各部分尺寸精度。

1）工件各主要尺寸都有精度要求，测量时应使用千分尺保证精度。

2）工件各长度尺寸精度要求不高，表面粗糙度均为 $Ra3.2\mu m$。

3）工件各外沟槽有精度要求，注意右端两槽的位置尺寸。

4）工件槽两侧倒钝，即倒角 C0.2～C0.5。

（2）切削用量的选用

具体的切削用量见表 3-10。

表 3-10 切槽工件加工时的切削用量

要　　素		加 工 性 质	
		粗　车	精　车
背吃刀量 a_p（mm）		视加工要求而定	0.25～0.4
进给量 f（mm/r）		0.25～0.3	0.1～0.15
转速 n（r/min）	外圆车削	400～600	750～800
	切槽加工	50～300	

（3）操作准备

准备好 CA6140 型车床、$\phi45mm\times107mm$ 的 45 钢棒料、90° 车刀、45° 车刀、游标卡尺、0～25mm 千分尺等，如图 3-64 所示。

图 3-64 操作准备

（4）操作步骤

切槽工件的加工操作步骤见表 3-11。

表 3-11　切槽工件的加工操作步骤

步　骤	操 作 说 明	图　解
装夹工件	工件采用三爪自定心卡盘直接装夹，保证伸出长度 75mm，找正夹紧	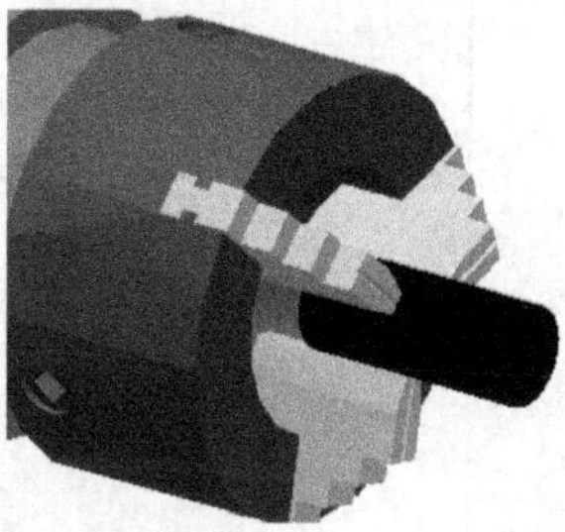
安装车刀	将 90°车刀、45°车刀、切断刀安装在刀架上	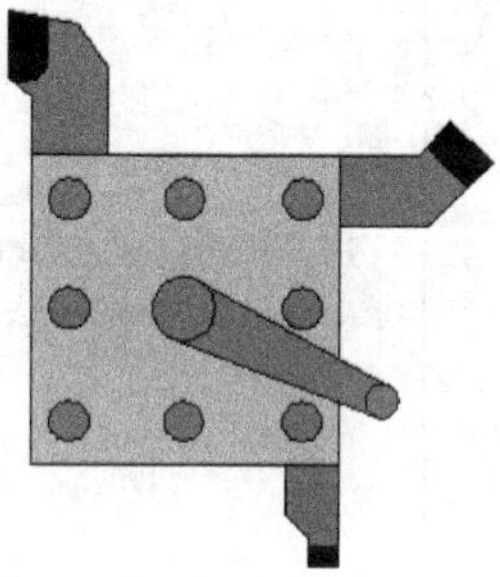
车端面	用 90°外圆车刀车左端面（端面加工余量为 0.5～1mm）	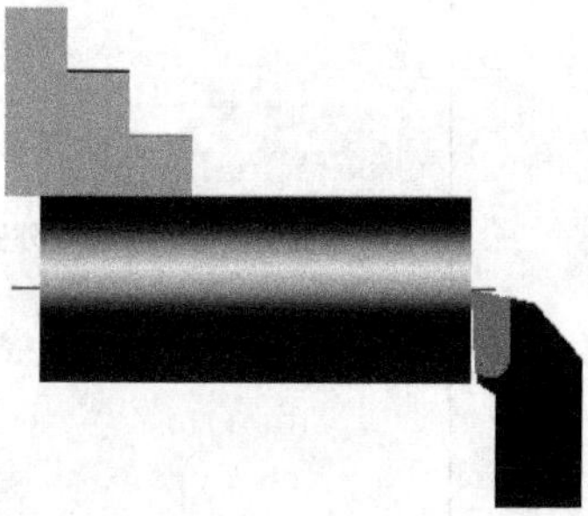
车外圆	粗、精车 φ44mm、φ42mm 外圆至尺寸要求，φ42mm 长 20mm 至尺寸要求	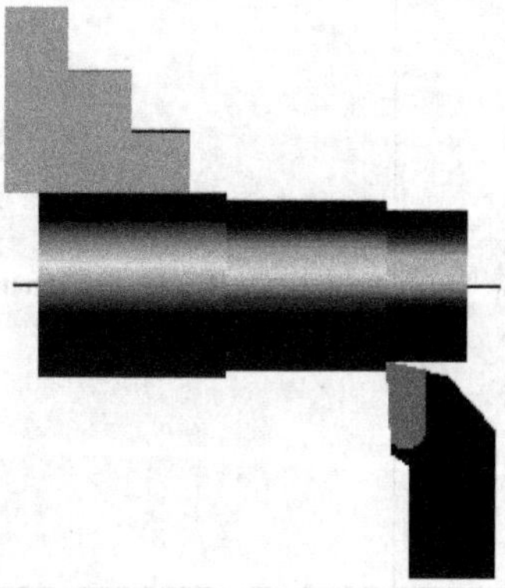

步　骤	操作说明	图　解
切槽	用刀宽为 5mm 的车槽刀车槽宽为 5mm，槽底径为ϕ38mm 的槽至尺寸要求	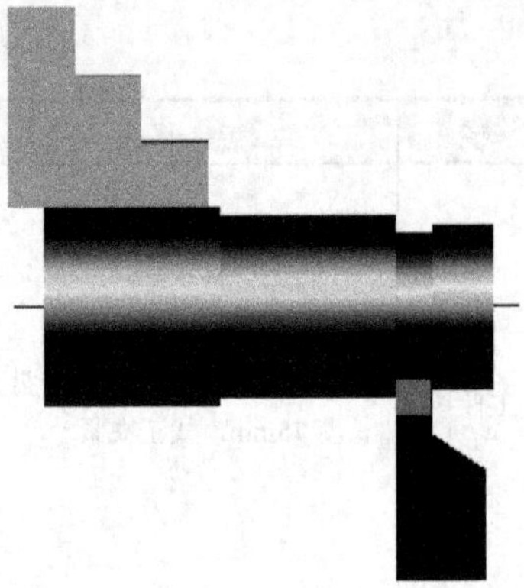
倒角、去锐边	用 45° 车刀对ϕ42mm 外圆倒角 C2，并按要求对槽口进行倒棱（去锐边）	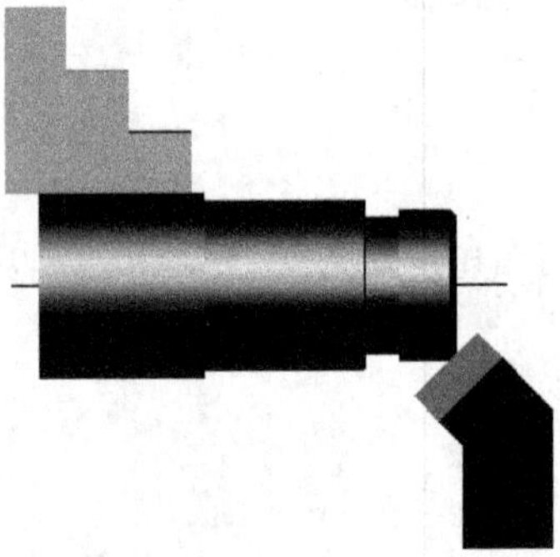
调头	工件调头，夹ϕ44mm 外圆，保证伸出长度不少于 55mm，找正夹紧	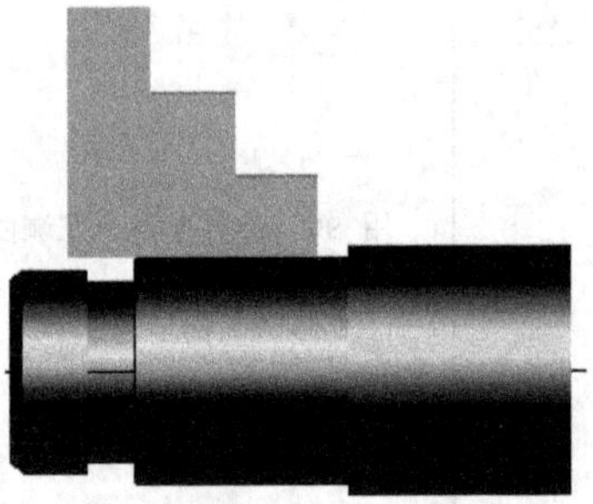
控制总长	车端面，控制总长 105mm 至尺寸要求	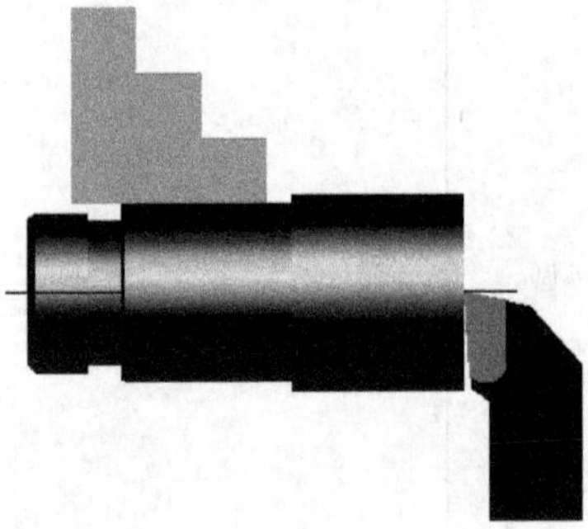

（续表）

步　骤	操 作 说 明	图　解
车外圆	粗、精车 ϕ42mm 外圆至尺寸要求	
切槽	用车槽刀分别车槽宽为 8mm，槽底径为 ϕ36mm 的两槽	
倒角、去锐边	用 45° 车刀对 ϕ42mm 外圆倒角 C2，并按要求对槽口进行倒棱（去锐边）	

加工后的零件如图 3-65 所示。

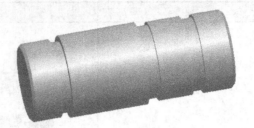

图 3-65　加工后的零件立体图

 技能训练

活动三技能训练内容见表 3-12。

表 3-12　活动三技能训练内容

课题名称	车槽与切断		课题开展时间		指导教师	
学生姓名		分组组号				
操作项目	活动实施			技能评价		
				优良	及格	差
在图中标出车槽刀各组成部分的名称与位置	进给方向					
在图示相应的位置标出切槽（断）刀的几何参数名称						

（续表）

操作项目	活动实施	技能评价		
		优良	及格	差
完成右图所示工件的车削加工	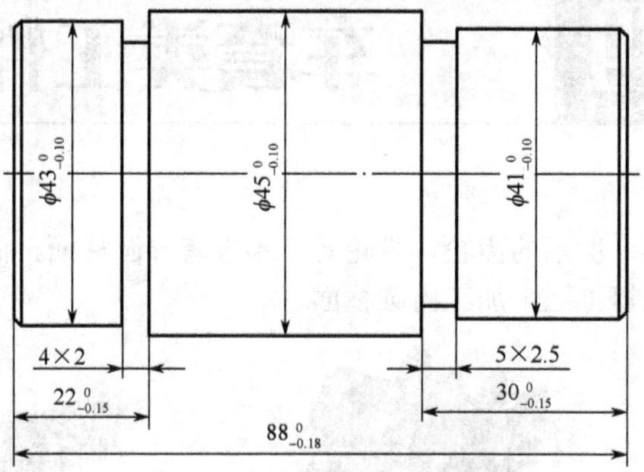  材料：45 钢 备料：接外圆、端面和台阶技能训练工件 技术要求： 1. 全部 $Ra3.2\mu m$ 2. 倒角全部 C2			

图示尺寸：$\phi43_{-0.10}^{0}$ $\phi45_{-0.10}^{0}$ $\phi41_{-0.10}^{0}$ 4×2 5×2.5 $22_{-0.15}^{0}$ $30_{-0.15}^{0}$ $88_{-0.18}^{0}$

活动三 学习体会与交流

_____

_____

_____

_____

_____

_____

项目四　车套类工件

很多机器零件，如图 4-1 所示的齿轮、带轮等，不仅有外圆柱面，而且还有内圆柱面。通常采用钻孔、车孔、铰孔等方法来加工内圆柱面。

（a）齿轮　　　　　　　　（b）带轮　　　　　　　　（c）固定套

图 4-1　套类零件示例

活动一　麻花钻的刃磨

 任务目标

1. 了解麻花钻的结构形状及切削部分的几何角度。
2. 掌握麻花钻切削部分的刃磨方法。
3. 了解麻花钻修磨的方法。

 **知识内容**

一、麻花钻的结构组成

麻花钻是钻孔最常用的刀具，一般用高速钢制成，它由工作部分、颈部和柄部组成，如图 4-2 所示。

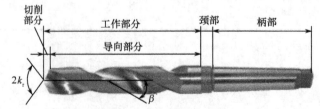

图 4-2　麻花钻的结构组成

由于高速切削的发展，镶硬质合金的麻花钻也得到了广泛的应用，如图 4-3 所示。

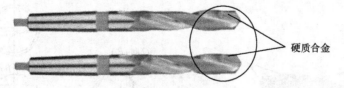

硬质合金

图 4-3　镶硬质合金的麻花钻

1．工作部分

工作部分是麻花钻的主要切削部分，由切削部分和导向部分组成。切削部分主要起切削作用；导向部分在钻削过程中起到保持钻削方向、修光孔壁的作用，同时也是切削的后备部分。

2．颈部

直径较大的麻花钻在颈部标有麻花钻的直径、材料牌号与商标，如图 4-4 所示。直径较小的直柄麻花钻没有明显的颈部。

3．柄部

麻花钻的柄部在钻削时起夹持定心和传递转矩的作用。麻花钻的柄部有直柄和莫氏锥柄两种，如图 4-5 所示。直柄麻花钻的直径一般为 0.3～16mm。

图 4-4　麻花钻颈部的标记

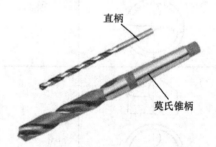

直柄

莫氏锥柄

图 4-5　麻花钻柄部的形式

二、麻花钻切削部分的几何形状与角度

麻花钻切削部分的几何形状与角度如图 4-6 所示，它的切削部分可看成是正反两把车刀。所以其几何角度的概念和车刀基本相同，但也有其特殊性。

1．顶角

在通过麻花钻轴线并与两条主切削刃平行的平面上，两条主切削刃投影间的夹角称为顶角，用符号 $2k_r$ 表示。一般麻花钻的顶角 $2k_r$ 为 100°～140°，标准麻花钻的顶角 $2k_r$ 为 118°。在刃磨麻花钻时可根据表 4-1 来判断麻花钻顶角的大小。

2．前角

主切削刃上任一点的前角是过该点的基面与前刀面之间的夹角，用符号 γ_0 表示。钻头外缘处的前角最大，约为 30°，越近中心前角越小，靠近横刃处的前角约为-30°，如图 4-7 所示。

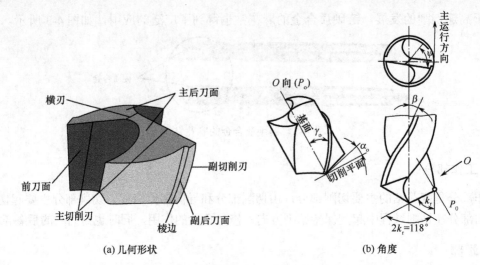

(a) 几何形状   (b) 角度

图 4-6 麻花钻切削部分的几何形状与角度

表 4-1 麻花钻顶角的大小对切削刃和加工的影响

顶角 $2k_r$	图 解	切削刃形状	对加工的影响	适用范围
>118°		凹曲线	顶角大，则切削刃短，定心差，钻出的孔容易扩大；同时前角也增大，使切削省力	适用于钻削较硬的材料
=118°		直线	适中	适用于钻削中等硬度的材料
<118°		凸曲线	顶角小，则切削刃长，定心准，钻出的孔不易扩大；同时前角也减小，使切削阻力大	适用于钻削较软的材料

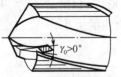

(a) 靠近外缘处

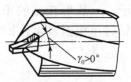

(b) 靠近钻心处

图 4-7 麻花钻前角的变化

3. 后角

主切削刃上任一点的后角是该点正交平面与主后刀面之间的夹角，用符号 α_0 表示，如图4-8所示。

4. 横刃斜角

在垂直于钻头轴线的端面投影中，横刃与主切削刃之间的夹角称为横刃斜角，用符号 ψ 表示。横刃斜角的大小与后角有关，后角增大时，横刃斜角减小，横刃也就变长。后角减小时，情况相反，横刃斜角一般为55°。

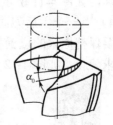

图4-8　麻花钻的后角
（在圆柱面内测量）

5. 螺旋角

螺旋角是位于螺旋槽内不同直径处的螺旋线展开成直线后与麻花钻轴线之间的夹角，用符号 β 表示。越靠近钻心处螺旋角越小，越靠近钻头外缘处螺旋角越大。标准麻花钻的螺旋角在18°～30°之间。

三、麻花钻的刃磨

1. 麻花钻的刃磨要求

麻花钻一般只刃磨两个主后面并同时磨出顶角、后角及横刃斜角。麻花钻的刃磨要求如下。

1）保证顶角（$2k_r$）和后角 α_0 大小适当。

2）两条主切削刃必须对称，即两主切削刃与轴线的夹角相等，且长度相等。

3）横刃斜角 ψ 为55°。

2. 麻花钻的刃磨方法

1）刃磨前应检查砂轮表面是否平整，如果不平整或有跳动，则应先对砂轮进行修整，如图4-9所示。

2）用右手握住麻花钻前端作为支点，左手紧握麻花钻柄部，摆正麻花钻与砂轮的相对位置，使麻花钻轴心线与砂轮外圆柱面母线在水平面内的夹角等于顶角的 1/2，同时钻尾向下倾斜，如图4-10所示。

图4-9　修整砂轮

图4-10　麻花钻的刃磨姿势

3）以麻花钻前端支点为圆心，缓慢使钻头上下摆动并略带转动，同时磨出主切削刃和主后刀面。但要注意摆动与转动的幅度和范围不能过大，以免磨出负后角或将另一条主切削刃磨坏，如图 4-11 所示。

4）当一个主后刀面刃磨好后，将麻花钻转过 180°刃磨另一个主后刀面。刃磨时，人和手要保持原来的位置和姿势。另外，两个主后刀面要经常交换刃磨，边磨边检查，直至符合要求为止，如图 4-12 所示。

图 4-11　麻花钻的刃磨方法　　　　　　　图 4-12　换磨另一个主后刀面

 操作提示

1）麻花钻在刃磨过程中，要经常检测。检测时可采用目测法，即把刃磨好的麻花钻垂直竖在与眼等高的位置上，转动钻头，交替观察两条主切削刃的长短、高低及后角等，如图 4-13 所示。如果不一致，则必须进行修磨，直到一致为止。也可采用角度尺检测，如图 4-14 所示。

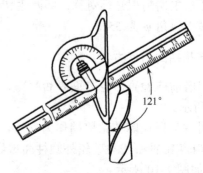

图 4-13　目测法检测麻花钻刃磨情况　　　　　图 4-14　用角度尺检测

2）由于麻花钻在结构上存在很多缺点，因而麻花钻在使用时，应根据工件材料和加工要求，采用相应的修磨方法进行修磨。麻花钻的修磨主要包括横刃的修磨和前刀面的修磨。横刃的修磨形式见表 4-2。前刀面的修磨主要是外缘与横刃处前刀面的修磨，见表 4-3。

表 4-2　横刃的修磨形式

修磨形式	图　解	说　明
磨去整个横刃		加大该处前角，使轴向力降低，但钻心强度弱，定心不好，只适用于加工铸铁等强度较低的材料工件

（续表）

修磨形式	图　解	说　明
磨短横刃		主要是减少横刃造成的不利影响，且在主切削刃上形成转折点，有利于分屑和断屑
加大横刃前角		横刃长度不变，将其分成两半，分别磨出 0°～5°前角，主要用于钻削深孔。但修磨后钻尖强度低，不宜钻削硬材料
综合刃磨		不仅有利于分屑、断屑，增大了钻心部分的排屑空间，还能保证一定的强度

表4-3　前刀面的修磨

修磨形式	图　解	说　明
修磨外缘处前角	减小前角	工件材料较硬时，就需要修磨外缘处前角，主要是为了减小外缘处的前角
磨横刃处前角	$\gamma_{修}$　$\gamma_{原}$	工件材料较软时需要修磨横刃处前角
双重刃磨	0.20　70°～75°	在钻削加工时，钻头外缘处的切削速度最高，磨损也就最快，因此可磨出双重顶角。这样可以改善外缘处转角的散热条件，增加钻头强度，并可减小孔的表面粗糙度值

3. 麻花钻刃磨情况对钻孔质量的影响

麻花钻的刃磨情况，直接影响钻孔的质量，具体情况见表4-4。

表4-4　麻花钻刃磨情况对钻孔质量的影响

刃　磨　情　况		图　　解	使　　用	影　　响
正确		$a_p=\dfrac{d}{2}$　d　f	钻削时两条主切削刃同时切削，两边受力平衡，使钻头磨损均匀	钻孔正常
不正确	顶角不对称	k_r小　f　F　k_r大	钻削时只有一条切削刃切削，另一条不起作用，两边受力不平衡，使钻头很快磨损	钻出的孔扩大和倾斜
	切削刃长度不等	O　O'　O　f　O'	钻削时，麻花钻的工作中心由 $O\text{-}O$ 移到 $O'\text{-}O'$，切削不均匀，使钻头很快磨损	钻出的孔径扩大
	顶角不对称、刃长不等	O　O'　O　f　O'	钻削时两条主切削刃受力不平衡，而且麻花钻的工作中心由 $O\text{-}O$ 移到 $O'\text{-}O'$，使钻头很快磨损	钻出的孔径不仅扩大而且还会产生台阶

 **技能训练**

活动一技能训练内容见表4-5。

表4-5　活动一技能训练内容

课题名称	麻花钻的刃磨		课题开展时间	指导教师
学生姓名		分组组号		
操作项目	活动实施		技能评价	
			优良	及格	差

操作项目	活动实施	优良	及格	差
在图中相应位置标示出麻花钻的几何参数名称	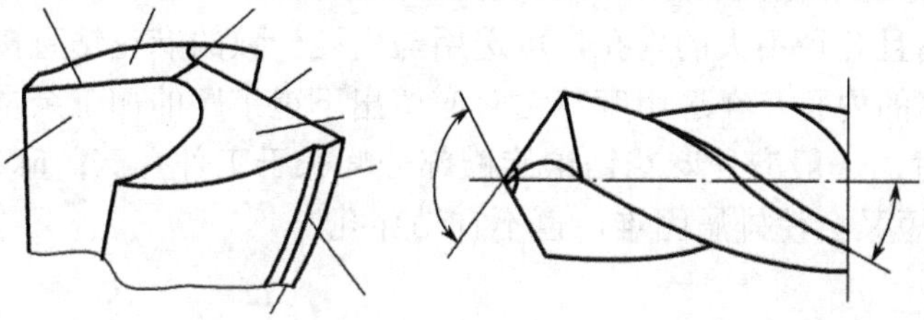			
麻花钻的刃磨	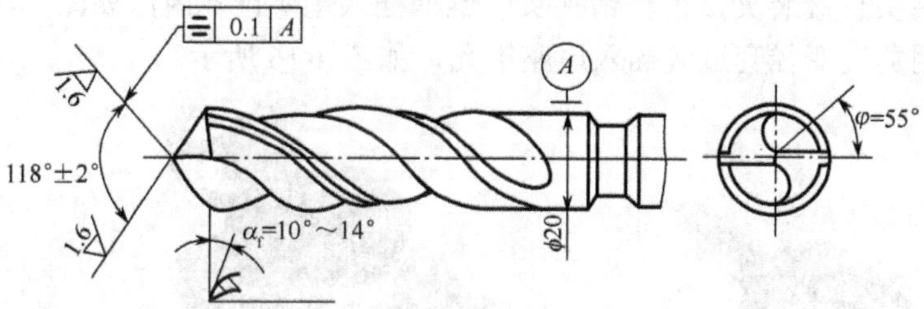 $118°±2°$　$\alpha_f=10°\sim14°$　$\varphi=55°$　$\phi20$ （建议先用废旧麻花钻练习刃磨）			

活动一学习体会与交流

_____

_____

_____

_____

_____

活动二　钻孔

任务目标

1. 了解麻花钻的装拆方法。
2. 掌握钻孔的操作方法。

知识内容

一、麻花钻的选用

麻花钻在选用时主要考虑麻花钻的直径和长度两个参数。

1）对于精度要求不高且孔径不大的内孔，可选用与内孔一致的麻花钻直接钻出。

2）对于精度要求较高的内孔，在选用麻花钻时应留出下道工序的加工余量。

3）选用麻花钻长度时，一般应使麻花钻螺旋槽部分略长于工件孔深；麻花钻过长则刚性较差，不利于钻削，过短又会使排屑困难，也不宜钻穿孔。

二、麻花钻的安装

直柄麻花钻用钻夹头直接装夹，再将钻夹头的锥柄插入尾座锥孔内，如图 4-15 所示；锥柄麻花钻可直接或用莫氏变径套过渡插入尾座锥孔，如图 4-16 所示。

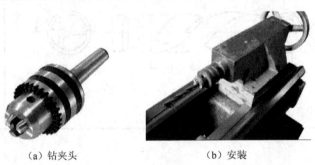

　　（a）钻夹头　　　　　　　　　　　（b）安装

图 4-15　直柄麻花钻的安装

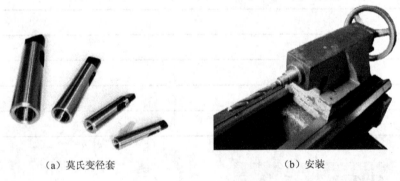

　　（a）莫氏变径套　　　　　　　　　　（b）安装

图 4-16　锥柄麻花钻的安装

三、钻孔操作

钻孔前应将工件端面车平，中心处不允许留有凸头，否则不利于麻花钻的定心。找正尾座，使麻花钻中心对准工件旋转中心。用细长麻花钻钻孔时，为防止麻花钻晃动，可在刀架上夹一挡铁，以支持麻花钻头部来帮助麻花钻定心，如图 4-17 所示。

在实体材料上钻孔，小径孔可一次钻出，若孔径超过 30mm，不宜一次钻出。最好先用小直径麻花钻钻出底孔，再用大麻花钻钻出所需尺寸孔径，一般情况下，第一次麻花钻直径

图 4-17　用挡铁支顶麻花钻

为第二次钻孔直径的 0.5～0.7 倍。

　　钻不通孔与钻通孔的方法基本相同，不同的是钻不通孔时需要控制孔的深度。具体的操作方法如下。

　　1）对于有刻度的尾座，可利用尾座套筒刻度进行控制，如图 4-18 所示。

　　2）对无刻度的尾座，则利用尾座手轮圈数进行控制。CA6140 型卧式车床尾座手轮每转一圈，尾座套筒伸出 5mm。

　　3）可在尾座套筒上做记号来控制，如图 4-19 所示。

图 4-18　利用尾座刻度控制孔深

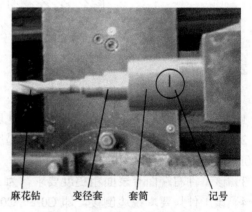

图 4-19　在尾座套筒上做记号

 操作提示

　　1）钻孔时，应保证麻花钻轴线与工件旋转轴线相重合，否则钻削时会使钻头折断。

　　2）钻孔时，工件端面不能留有凸头。

　　3）当麻花钻起钻或快钻穿孔时，手动进给要缓慢，以防麻花钻折断。

　　4）在钻削过程中，要经常退出麻花钻清除切屑，如图 4-20 所示，以免切屑堵塞在孔内造成麻花钻被"咬死"或折断。

　　5）在钻削钢料时必须浇注切削液，但在钻削铸件时可不用切削液。

图 4-20　清除切屑

四、操作实例

1．加工图样

钻孔工件加工图样如图 4-21 所示。

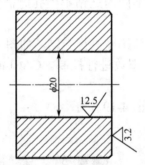

技术要求：

1．其余表面不加工。

2．锐边倒钝。

3．备料 ϕ45mm×30mm。

图 4-21　钻孔工件加工图样

2．加工操作

（1）图样分析

1）该工件主要用来进行钻孔训练，其他表面不需要加工。

2）孔径尺寸精度要求不高，其表面粗糙度要求也不高，为 Ra12.5μm，因而可选用直径为 20mm 的麻花钻直接钻出。

3）该工件右端面有表面粗糙度要求，为 Ra3.2μm，主要是为工件装夹后车平端面。

4）该工件只要求锐边倒棱，即 C0.2～C0.5；它包括内、外倒棱。

（2）切削用量的选用

具体的切削用量见表 4-6。

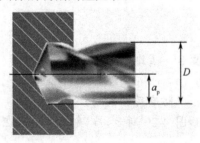

图 4-22　钻孔时的背吃刀量

表 4-6　钻孔加工时的切削用量

要　素	选用参考值
背吃刀量 a_p（mm）	10（如图 4-22 所示）
进给量 f（mm/r）	根据情况，按速率要求选用
转速 n（r/min）	400～500

（3）操作准备

准备好 CA6140 型车床、ϕ45mm×30mm 的 45 钢料 3 件、45°车刀、ϕ20mm 的麻花钻 1 支、游标卡尺等，如图 4-23 所示。

图 4-23　操作准备

（4）操作步骤

钻孔工件的加工操作步骤见表 4-7。

表 4-7　钻孔工件加工操作步骤

步　骤	操 作 说 明	图　解
装夹工件	工件采用三爪自定心卡盘直接装夹，保证伸出长度 15mm，找正夹紧	
安装车刀	将 45°车刀安装在刀架上	
车端面	启动车床，用 45°车刀将工件端面车平	
钻孔	将 ϕ20mm 麻花钻用莫氏变径套过渡安装在尾座上，选用合适的切削用量，用麻花钻钻孔	

用游标卡尺检测孔径，合格后取下工件。加工后的零件如图 4-24 所示。

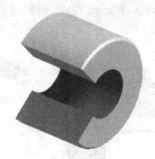

图 4-24　加工后的零件立体图

 **技能训练**

活动二技能训练内容见表 4-8。

表 4-8　活动二技能训练内容

课题名称	钻孔		课题开展时间		指导教师	
学生姓名		分组组号				
操作项目	活动实施			技能评价		
				优良	及格	差
使用车床的型号						
完成右图所示工件的车削加工	$\phi 22^{+0.15}_{0}$ 材料：45 钢 备料：接切槽技能训练工件 技术要求： 1. 全部 $Ra3.2\mu m$ 2. 孔口倒角 C1					

活动二 学习体会与交流

_____

_____

_____

_____

_____

_____

 **内孔车刀的刃磨**

任务目标

1. 了解内孔车刀的几何结构。
2. 掌握内孔车刀的刃磨方法。

知识内容

一、内孔车刀的结构

内孔的车削方法基本上和车外圆相同，但内孔车刀和外圆车刀相比有差别。内孔车刀的结构如图 4-25 所示。

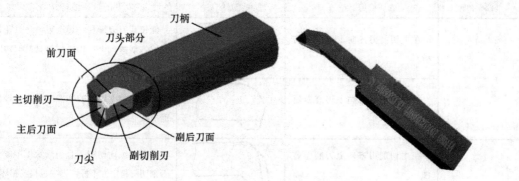

图 4-25　内孔车刀的结构

根据不同的加工情况，内孔车刀可分为通孔车刀和不通孔车刀两种，见表 4-9。

表 4-9　内孔车刀

车刀类型	通孔车刀		不通孔车刀	
图解				
几何形状	与 75° 外圆车刀相似		与 90° 偏刀相似	
刀尖位置	图解			
	说明	刀尖不必在刀柄最前端，刀尖与刀柄最外端的距离小于内孔直径，车孔时不碰即可	刀尖必须在刀柄最前端，刀尖与刀柄最外端的距离小于内孔半径	
主偏角	60°～75°		92°～95°	
副偏角	15°～30°		6°～10°	
刃倾角	6°		-2°～0°	

二、内孔车刀卷屑槽方向的选择

内孔车刀卷屑槽方向应根据不同的情况加以刃磨。其选择情况见表 4-10。

表 4-10　内孔车刀卷屑槽方向的选择

主偏角角度	卷屑槽刃磨位置	图解	适应场合
$k_r < 90°$	在主切削刃方向上刃磨卷屑槽		能使其刀刃锋利，切削轻快，且在切削深度较大的情况下，仍能保持良好的切削稳定性，适宜于粗车
	在副切削刃方向上刃磨卷屑槽		在切削深度较小的情况下能获得较好的表面质量
$k_r > 90°$	在主切削刃方向上刃磨卷屑槽		适宜于纵向切削，且切削深度不能太大，否则切削稳定性不好，刀尖也极易损坏
	在副切削刃方向上刃磨卷屑槽		适宜于横向切削

三、内孔车刀的刃磨

1）粗磨前刀面。左手握住刀头，右手握住刀柄，主后刀面向上，左右移动刃磨，如图 4-26 所示。

2）粗磨主后刀面。左手握刀头，右手握刀柄，前刀面向上，主后刀面接触砂轮，左右移动刃磨，如图 4-27 所示。

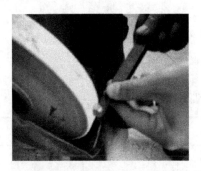
图 4-26　粗磨前刀面

图 4-27　粗磨主后刀面

3）粗磨副后刀面。右手握刀头，左手握刀柄，前刀面向上，副后刀面接触砂轮，左右移动刃磨，如图 4-28 所示。

4）刃磨卷屑槽。右手握刀头，左手握刀柄，前刀面接触砂轮，上下移动刃磨，如图 4-29 所示。

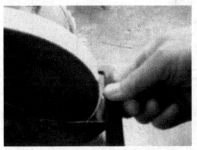
图 4-28　粗磨副后刀面

图 4-29　刃磨卷屑槽

5）精磨前刀面、主后刀面、副后刀面。

6）修磨刀尖圆弧。右手握刀头，左手握刀柄，前刀面向上，以右手为圆心，摆动刀柄，修磨刀尖圆弧，如图 4-30 所示。

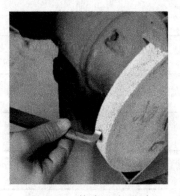
图 4-30　修磨刀尖圆弧

操作提示

1）刃磨卷屑槽前应先修整磨轮边角。

2）卷屑槽不宜刃磨过深，以防车孔时排屑困难。

 **技能训练**

活动三技能训练内容见表4-11。

表4-11　活动三技能训练内容

课题名称	内孔车刀的刃磨		课题开展时间	指导教师
学生姓名	分组组号			
操作项目	活动实施		技能评价	
			优良	及格	差
刃磨	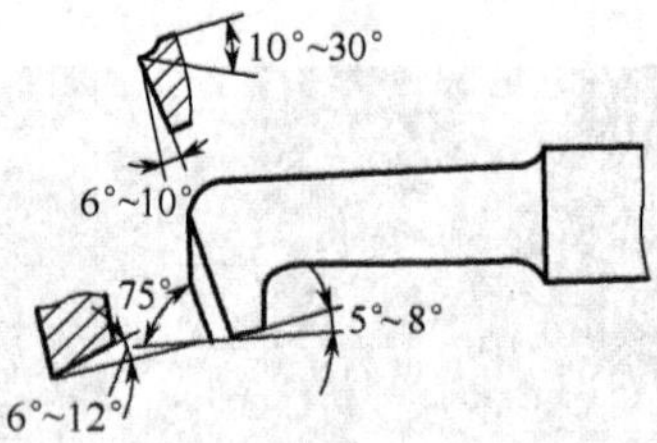 粗车刀 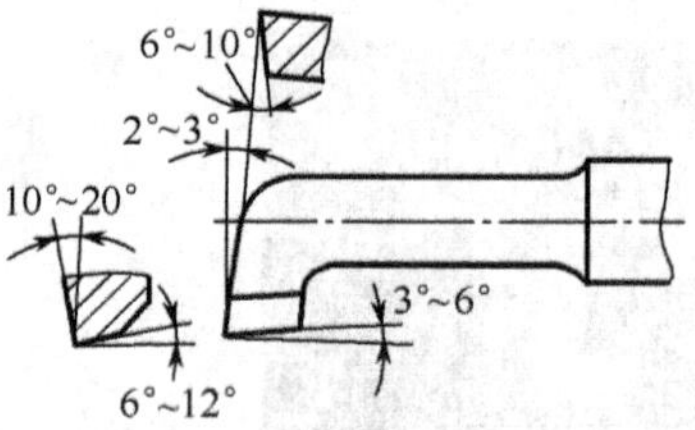　　　　　　精车刀				

 活动三学习体会与交流

_____

_____

_____

_____

_____

_____

活动四　车孔

任务目标

1. 掌握内孔车刀的装夹要求。
2. 掌握车孔的步骤和方法。

知识内容

一、内孔车刀的装夹

为保证加工的安全和产品质量，内孔车刀安装时应注意以下事项。

1）如图4-31所示，利用尾座顶尖使内孔车刀刀尖对准工件中心。

2）刀杆应与内孔轴心线基本平行。

3）刀杆伸出长度尽可能短一些，一般比被加工孔长5～10mm，如图4-32所示。

图4-31　车刀对中心的方法

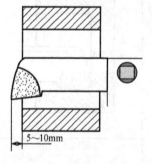

图4-32　刀杆伸出长度

4）对于不通孔车刀，则要求其主切削刃与平面成 3°～5° 的夹角，横向应有足够的退刀余地，如图4-33所示。

5）车孔前应先把内孔车刀在孔内试走一遍，以防止车到一定深度后刀柄与孔壁相碰，如图4-34所示。

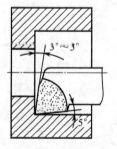

图4-33　不通孔车刀的安装

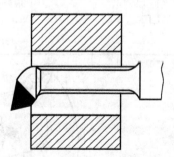

图4-34　检查刀柄与内孔接触情况

二、车孔的方法

内孔的结构形式不同，其车削的方法也不一样，具体的操作见表 4-12。

表 4-12　内孔的车削方法

车 削 类 型	图　　解	进 给 路 线	操作方法说明
车通孔		1（对刀）→2（退刀至孔口）→3（调整背吃刀量）→4（车削内孔）→5（退刀）→6（退出孔内）	通孔的车削与车外圆基本相同，只是进退刀方向相反。在粗车或精车时也要进行试切削，其横向进给余量为径向余量的一半。当车刀纵向切削至 3mm 左右时（如图 4-35 所示），纵向快速退刀，然后停车测量，根据测量结果，调整背吃刀量，再次进给试切削，直至符合要求
车台阶孔		1（对刀）→2（退刀至孔口）→3（调整背吃刀量）→4（车削内孔）→5（车内台阶）→6（退出孔内）	车直径较小的台阶孔时，常采用先粗、精车小孔，再粗、精车大孔的方法 车大台阶孔时，常采用先粗车大孔和小孔，再精车大孔和小孔的方法 车削孔径相差悬殊的台阶孔时，采用主偏角小于 90° 的内孔车刀先进行粗车，然后用偏刀精车至尺寸 通常采用在刀柄上做记号或安装限位铜片的方法控制内孔台阶长度，如图 4-36 所示
车平底孔		1（对刀）→2（退刀至孔口）→3（调整背吃刀量）→4（车削内孔）→5（车内底平面）→6（退出孔内）	选择比孔径小 2mm 的麻花钻进行钻孔，通过多次进刀，将孔底的锥形基本车平。粗车内孔（留精车余量），每次车至孔深时，车刀先横向往孔的中心退出，再纵向退出孔外，精车内孔及底平面至尺寸要求

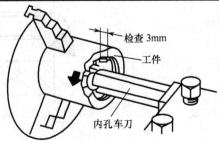

图 4-35　内孔的试车削

（a）在刀柄上做记号

（b）安装限位铜片

图 4-36　内孔台阶长度的控制

内孔在粗车时一般采用游标卡尺进行测量，如图 4-37 所示；精车时则采用百分表检测，如图 4-38 所示。

图 4-37　用游标卡尺测量内孔

图 4-38　用百分表检测内孔

 操作提示

1）对于尺寸精度要求不高的孔深，也可利用床鞍刻度盘的刻线来控制台阶长度，如图 4-39 所示。

床鞍刻度盘

图 4-39　利用床鞍刻度盘来控制孔深

2）对于尺寸精度要求较高的孔深，精车时应利用小滑板刻度盘刻度来控制孔深，并用游标卡尺等量具测量。

3）车孔时工件不能夹得过紧，否则会产生等直径变形，如图 4-40 所示。在能保证加工顺利进行的前提下，用手扳动卡盘扳手夹紧即可。

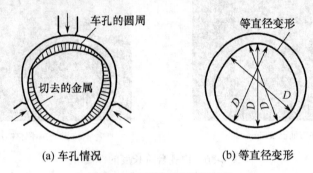

（a）车孔情况　　　　　　　（b）等直径变形

图 4-40　工件的等直径变形

4）在车大台阶孔时，在便于测量小孔尺寸而视线又不受影响的前提下，一般先粗车大孔和小孔，再精车小孔和大孔。但当观察困难且尺寸精度不易掌握时，通常先粗、精车小孔，再粗、精车大孔。

5）车孔时，精车的次数不宜过多，以防工件产生冷硬层。

三、操作实例

1. 加工图样

内孔工件加工图样如图 4-41 所示。

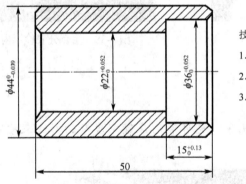

技术要求：

1. 全部 $Ra1.6\mu m$。

2. 倒角 C1。

3. 备料 $\phi 45mm$ 的棒料。

图 4-41　内孔工件加工图样

2. 加工操作

（1）图样分析

1）工件为台阶孔加工。其孔径尺寸精度要求较高，应使用内径量表测量。

2）为保证工件各表面之间的同轴度，工作采用一次装夹全部完成各表面加工，最后切断的方法，因此采用长棒料加工。

3）各主要尺寸表面粗糙度均为 $Ra1.6\mu m$。

4）内、外倒角 C1。

（2）切削用量的选用

车孔时的切削用量要比车外圆时适当小些，见表 4-13。

表 4-13　车孔时的切削用量

要　　素		加工性质	
		粗车	精车
背吃刀量 a_p（mm）		视加工要求而定	0.1
进给量 f（mm/r）		0.2	0.12
转速 n（r/min）	外圆车削	400～600	600～800
	内孔车削	350～420	400～500

（3）操作准备

准备好 CA6140 型车床、$\phi 45$mm 的棒料、90°车刀、45°车刀、内孔车刀、刀头宽 4mm 的切断刀、$\phi 25$mm 的麻花钻 1 支、游标卡尺、千分尺、内径百分表等，如图 4-42 所示。

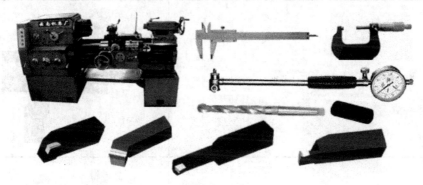

图 4-42　操作准备

（4）操作步骤

内孔工件的加工操作步骤见表 4-14。

表 4-14　内孔工件的加工操作步骤

步　骤	操作说明	图　解
装夹工件	工件采用三爪自定心卡盘直接装夹，保证伸出长度大于 60mm，找正夹紧	
安装车刀	将 90°车刀、45°车刀、内孔车刀安装在刀架上，内孔车削完成后，卸下内孔车刀，再安装切断刀	

（续表）

步　骤	操　作　说　明	图　解
车端面	用 90°外圆车刀车左端面（端面加工余量为 0.5～1mm）	
车外圆	粗、精车ϕ44mm 外圆至尺寸要求	
钻孔	用ϕ25mm 的麻花钻钻孔	
车内孔	粗、精车ϕ27mm、ϕ36mm 内孔至图样要求	
倒角	用 45°车刀倒内外角	

（续表）

步　　骤	操作说明	图　　解
切断	用切断刀切断工件，长 50mm 至图样要求	
倒角	工件调头装夹，找正夹紧，用 45° 车刀倒内外角	

加工后的零件如图 4-43 所示。

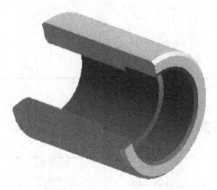

图 4-43　加工后的零件立体图

 技能训练

活动四技能训练内容见表 4-15。

表 4-15　活动四技能训练内容

课题名称	车孔		课题开展时间		指导教师	
学生姓名		分组组号				
操作项目	活动实施		技能评价			
			优良	及格		差
使用车床的型号						
完成右图所示工件的车削加工	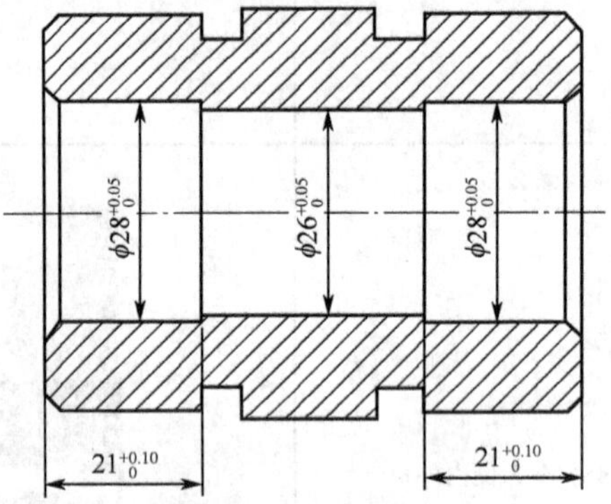 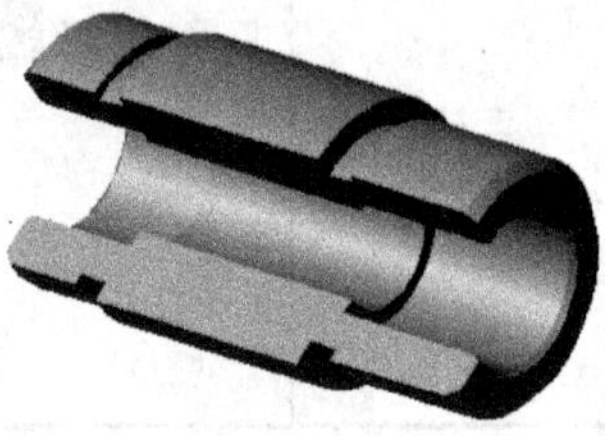 　材料：45 钢　备料：接钻孔工件　技术要求：　1. 全部 $Ra1.6\mu m$　2. 孔口倒角 C1					

图中标注：$\phi28^{+0.05}_{0}$　$\phi26^{-0.05}_{0}$　$\phi28^{+0.05}_{0}$　$21^{+0.10}_{0}$　$21^{+0.10}_{0}$

活动四学习体会与交流

活动五　铰孔

任务目标

1. 了解铰刀的结构组成。
2. 了解选择铰刀尺寸的方法。
3. 掌握铰刀的安装方法。
4. 掌握铰孔的基本操作方法。

知识内容

用铰刀从工件孔壁上切除微量金属层的精加工孔的方法称为铰孔。铰孔操作简便，效率高，其精度可达 IT7～IT9，表面粗糙度值可达 $R_a 0.4\mu m$。

一、铰刀几何形状

铰刀可分为机用铰刀和手用铰刀。它由工作部分、颈部和柄部组成，如图 4-44 所示。

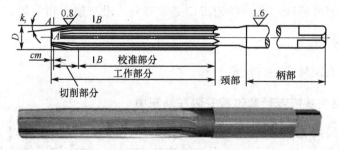

（a）手用铰刀

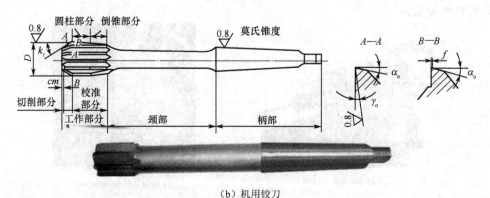

（b）机用铰刀

图 4-44　铰刀

1. 工作部分

铰刀的工作部分由引导锥、切削部分和校准部分组成。引导锥是铰刀工作部分最前端的

45°倒角部分，便于铰削开始时将铰刀引导入孔中，并起保护切削刃的作用。切削部分是承担主要切削工作的一段锥体（切削锥角为 $2k_r$）。校准部分分圆柱和倒锥两部分，圆柱部分起导向、校准和修光作用，也是铰刀的备磨部分；倒锥部分起减少摩擦和防止铰刀将孔径扩大的作用。

2．颈部

颈部在铰刀制造和刃磨时起控刀作用。

3．柄部

柄部是铰刀的夹持部分，铰削时用来传递转矩，有直柄和锥柄（莫氏标准锥度）两种。

二、铰刀尺寸的选择

铰孔的精度主要取决于铰刀的尺寸。铰刀的基本尺寸与孔基本尺寸相同。铰刀的公差是根据孔的精度等级、加工时可能出现的扩大或收缩及铰刀允许的磨损量来确定的。一般可按下面的方法来确定铰刀的上、下偏差：

上偏差（es）为被加工孔公差的 2/3。

下偏差（ei）为被加工孔公差的 1/3。

即铰刀选被加工孔公差带中间 1/3 左右的尺寸。

另外，选择铰刀时还应注意，铰刀刃口必须锋利，没有崩刃和毛刺。

三、铰刀的安装

铰刀在车床上有两种安装方法。

1．直接通过钻夹头或变径套过渡安装在尾座中

这种方法与安装麻花钻类似。对于直柄铰刀，通过钻夹头安装；对于锥柄铰刀，通过变径套过渡安装，如图 4-45 所示。使用这种安装方法时，要求铰刀轴线与工件轴线严格重合，安装精度较低。

（a）用钻夹头装夹　　　　　　　　　（b）用变径套过渡安装

图 4-45　铰刀的安装

2．用浮动套筒安装

将铰刀通过浮动套筒装入车床尾座中，浮动套筒的衬套和套筒之间的配合较松，并存在一定间隙。当工件轴线与铰刀轴线之间不重合时，允许铰刀浮动，这样铰刀就能够自动适应

工件轴线，并消除二者之间不重合偏差，如图 4-46 所示。

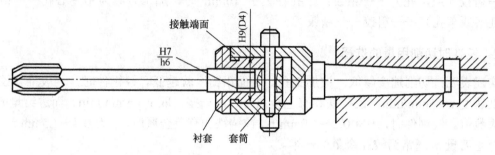

图 4-46　铰刀浮动安装

四、铰孔的方法

1. 铰孔前孔的预加工

为了铰正孔与端面的垂直度误差，修正已有孔的偏差，使铰孔余量均匀，并保证铰孔前预制孔有一定的表面质量，铰孔前需要对铸、锻加工的毛孔进行车孔、扩孔等预加工。常用的加工方案如下。

1）对于精度等级为 IT9 的孔，当孔径小于 10mm 时，加工方案为钻中心孔——钻孔——铰孔；当孔径大于 10mm 时，加工方案为钻中心孔——钻孔——扩孔（或车孔）——铰孔，如图 4-47 所示。

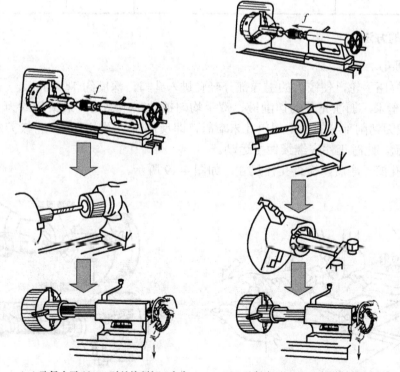

（a）孔径小于 10mm 时的铰削加工方案　　　（b）孔径大于 10mm 时的铰削加工方案

图 4-47　精度等级为 IT9 的孔的铰削方案

2）对于精度等级为IT7～IT8的孔，当孔径小于10mm时，加工方案为钻中心孔——钻孔——粗铰（或车孔）——精铰；当孔径大于10mm时，加工方案为钻中心孔——钻孔——扩孔（或车孔）——粗铰——精铰。

2. 铰孔时切削用量的选择

实践表明：切削速度越低，被加工孔的表面粗糙度就越低。铰钢件时，一般推荐铰孔时的切削速度$v \leqslant 5mm/min$；铰铸铁和有色金属时可高一些，取$v \geqslant 5mm/min$。而进给量f可选择较大数值。铰钢件时，f为$0.2 \sim 1.0mm/r$；铰铸铁和有色金属时，f为$0.4 \sim 1.5mm/r$。铰削时的背吃刀量a_p通常为铰孔余量的一半。

3. 铰孔余量的确定

铰孔时，应该合理确定加工余量，余量太小时，前一道工序留下的加工痕迹不能被完全铰削掉，表面粗糙度高；余量太大时，铰削力也大，切屑也易填塞在铰刀齿槽内，不仅影响切削液的进入，而且还会使铰刀折断。铰孔时余量的确定见表4-16，仅供参考。

表4-16 铰孔余量的确定 （单位：mm）

铰孔孔径	≤6	>6～10	>10～18	>18～30	>30～50	>50～80	>80～120
粗铰	0.10	0.10～0.15	0.10～0.15	0.15～0.20	0.20～0.30	0.35～0.45	0.50～0.60
精铰	0.04	0.04	0.05	0.07	0.07	0.10	0.15

4. 铰孔的方法

（1）铰通孔

1）摇动尾座手轮，使铰刀的引导部分轻轻进入孔口，深度约1～2mm。

2）启动车床，加注充分的切削液，双手均匀摇动尾座手轮，进给量约为0.5mm/r，均匀地进给至铰刀切削部分的3/4超出孔末端时，即反向摇动尾座手轮，将铰刀从孔中退出，如图4-48所示。此时工件应继续做主运动。

3）将内孔擦干净后，检查孔径尺寸，如图4-49所示。

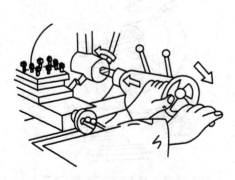

图4-48 铰通孔

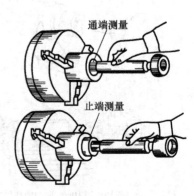

图4-49 铰孔后检查尺寸

（2）铰盲孔

1）开启车床，加切削液，摇动尾座手轮进行铰孔，当铰刀端部与孔底接触后会对铰刀产生轴向切削抗力，手动进给当感觉到轴向切削抗力明显增加时，表明铰刀端部已到孔底，应立即将铰刀退出，如图 4-50 所示。

2）铰较深的盲孔时，切屑排出比较困难，通常中途应退刀数次，用切削液和刷子清除切屑，如图 4-51 所示。

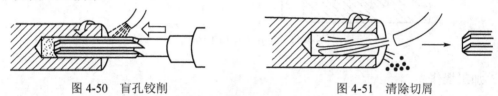

图 4-50　盲孔铰削　　　　　　　　　　图 4-51　清除切屑

3）切屑清除后再继续铰孔，如图 4-52 所示。

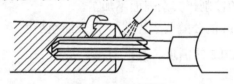

图 4-52　继续铰孔

 操作提示

1）装夹铰刀时，要擦干净铰刀锥柄和车床尾座锥套，如图 4-53 所示。

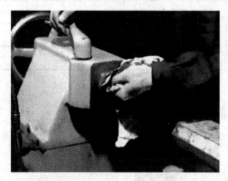

图 4-53　擦净车床尾座锥套

2）铰孔时铰刀的中心线应与车床主轴轴线重合。

3）退出铰刀时，车床主轴不能停止，更不能反转，以防损坏铰刀和加工表面。

4）铰孔前应先进行试铰，以免造成废品。

五、操作实例

1. 加工图样

铰孔工件加工图样如图 4-54 所示。

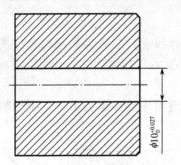

图 4-54　铰孔工件加工图样

技术要求：

1. 工件只铰削内孔，其余表面不加工。

2. 锐边倒钝。

3. 备料ϕ45mm×30mm。

2. 加工操作

（1）图样分析

1）该工件只进行内孔的铰削，其余表面不加工。

2）工件主要尺寸ϕ10mm 的公差要求为$^{+0.027}_{0}$，表面粗糙度为R_a1.6μm。

3）工件锐边倒钝，即 C0.2 的倒角。

（2）切削用量的选用

具体的切削用量见表 4-17。

表 4-17　铰孔时的切削用量

要　　素	加 工 性 质	
	粗　　车	精　　车
背吃刀量 a_p（mm）	视加工要求而定	0.075
进给量 f（mm/r）	按速率要求选用	
转速 n（r/min）	80～100	50～80

（3）操作准备

准备好 CA6140 型车床、ϕ45mm×30mm 的 45 钢料、45°车刀、ϕ9.5mm 和 ϕ9.8mm 的麻花钻各 1 支、ϕ10$^{+0.018}_{+0.009}$ mm 的机用铰刀、塞规等，如图 4-55 所示。

图 4-55　操作准备

（4）操作步骤

铰孔工件的加工操作步骤见表 4-18。

表 4-18　铰孔工件的加工操作步骤

步　骤	操　作　说　明	图　解
装夹工件	工件采用三爪自定心卡盘直接装夹，保证伸出长度 15mm，找正夹紧	
安装刀具	将 45° 车刀安装在刀架上；麻花钻、铰刀安装在尾座上	
车端面	启动车床，用 45° 车刀将工件端面车平	
钻、扩孔	用 $\phi 9.5$mm 的麻花钻钻通孔，用 $\phi 9.8$mm 的麻花钻扩孔	
铰孔	用 $\phi 10^{+0.018}_{+0.009}$ mm 的机用铰刀铰孔	
检测	用塞规检测孔径，符合要求后取下工件	

零件加工后如图 4-56 所示。

图 4-56　加工后的零件立体图

 技能训练

活动五技能训练内容见表 4-19。

表 4-19　活动五技能训练内容

课题名称	铰孔			课题开展时间		指导教师
学生姓名		分组组号				
操作项目	活动实施			技能评价		
				优良	及格	差
使用车床的型号						
完成右图所示工件的车削加工	材料：45 钢 备料：ϕ40mm×42mm 技术要求： 1. 本技能训练只进行铰孔训练，外圆表面不进行车削 2. 内孔 Ra1.6μm 3. 孔口倒角 C1					

活动五　学习体会与交流

_____

_____

_____

_____

_____

项目五　车圆锥工件

常见的圆锥零件有圆锥齿轮、内锥接头等，如图 5-1 所示。另外，在机床和工具中，也有许多使用圆锥面配合的场合，如图 5-2 所示的车床尾座锥孔与钻夹头的配合等。

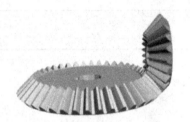　　　　　

（a）圆锥齿轮　　　　　　　　　　　　（b）内锥接头

图 5-1　常见的圆锥零件

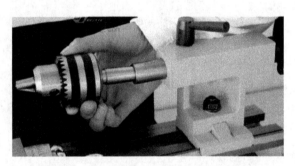

图 5-2　车床尾座锥孔与钻夹头的配合

活动一　转动小滑板车圆锥体

　任务目标

1. 掌握转动小滑板车圆锥体的方法。
2. 学会根据工件的锥度，计算小滑板的旋转角度。
3. 掌握圆锥的检查方法。

　知识内容

车削较短的圆锥体时，可以用转动小滑板的方法。小滑板的转动角度也就是小滑板导轨与车床主轴轴线相交的角度，它的大小等于所加工零件的圆锥半角（$\alpha/2$）值，如图 5-3 所示。

一、圆锥的基本参数与计算

圆锥的基本参数如图 5-4 所示，不管是外圆锥还是内圆锥，其基本参数与各部分尺寸的计算都是相同的。其计算见表 5-1。

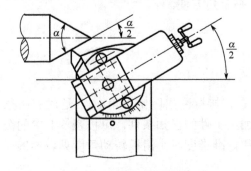

图 5-3　转动小滑板车圆锥体

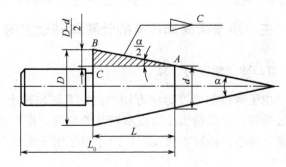

图 5-4　圆锥的基本参数

图中，D——最大圆锥直径，mm；

　　　d——最小圆锥直径，mm；

　　　α——圆锥角度，°；

　　　$\alpha/2$——圆锥半角，°；

　　　L——圆锥长度，mm；

　　　C——锥度；

　　　L_0——工件全长，mm。

表 5-1　圆锥各部分尺寸的计算

名称术语	代号	定义	计算公式
圆锥角	α	在通过圆锥轴线的截面内，两长素线之间的夹角	—
圆锥半角	$\alpha/2$	圆锥角的一半	$\tan\dfrac{\alpha}{2}=\dfrac{D-d}{2L}=\dfrac{C}{2}$ $\dfrac{\alpha}{2}\approx 28.7\times C=28.7\times\dfrac{D-d}{L}$
最大圆锥直径	D	简称大端直径	$D=d+CL=d+L\tan\dfrac{\alpha}{2}$
最小圆锥直径	d	简称小端直径	$d=D-CL=D-2L\tan\dfrac{\alpha}{2}$
圆锥长度	L	最大圆锥直径与最小圆锥直径之间的轴向距离	$L=\dfrac{D-d}{C}=\dfrac{D-d}{2\tan\dfrac{\alpha}{2}}$
锥度	C	圆锥大、小端直径之差与长度之比	$C=\dfrac{D-d}{L}$
工件全长	L_0	—	—

注：1. 当 $\alpha/2<6°$ 时，才可用近似法计算圆锥半角。

2. 计算结果单位是"度"，度以后的小数部分是十进位的，而角度是 60 进位的。应将含有小数部分的计算结果转化成度、分、秒。例如，5.35° 并不等于 5°35′，要用小数部分去乘 60′，即 60′×0.35＝21′，所以 5.35° 应为 5°21′。

二、转动小滑板车削圆锥体的特点

1）能车削圆锥角度较大的工件。

2）能车出整锥体和圆锥孔。

3）只能手动进给，劳动强度大，生产效率低，工件表面粗糙度较难控制。

4）受小滑板行程的限制，只能加工锥面不长的工件。

5）在同一工件上车削不同锥角的圆锥面时，调整锥角方便。

三、小滑板转动角度的计算与转动方向

1．转动角度的计算

由于圆锥的角度标注方法不同，有时图样上没有直接标注出圆锥半角 $\alpha/2$，这时就必须经过换算，才能得出小滑板应转动的角度。根据被加工工件的已知条件，可按表 5-1 中的公式来计算小滑板转动角度。生产中在车削常用锥度和标准锥度时小滑板转动角度见表 5-2。

表 5-2　车削常用锥度和标准锥度时小滑板转动角度

名　称		锥　度	小滑板转动角度	名　称		锥　度	小滑板转动角度
莫氏锥度	0	1：19.212	1° 29′ 23″	标准锥度	1：3	—	9° 27′ 44″
	1	1：20.027	1° 25′ 40″		1：5	—	5° 42′ 38″
	2	1：20.020	1° 25′ 46″		1：7	—	4° 05′ 08″
	3	1：19.922	1° 26′ 12″		1：8	—	3° 34′ 35″
	4	1：19.254	1° 29′ 12″		1：10	—	2° 51′ 45″
	5	1：19.002	1° 30′ 22″		1：12	—	2° 23′ 9″
	6	1：19.180	1° 29′ 32″		1：15	—	1° 54′ 23
标准锥度	120°	1：0.289	60°		1：20	—	1° 25′ 56″
	90°	1：0.500	45°		1：30	—	0° 57′ 23″
	75°	1：0.652	37° 30′		1：50	—	0° 34′ 23″
	60°	1：0.866	30°		1：100	—	0° 17′ 11″
	45°	1：1.207	22° 30′		1：200	—	0° 08′ 36″
	30°	1：1.866	15°		7：24	1：3.429	8° 17′ 50″

2．小滑板转动方向

小滑板往什么方向转动角度，决定于工件在车床上的加工位置。小滑板转动方向见表 5-3。

表 5-3　小滑板转动方向

示 例 图 样	小滑板转过的角度	转 动 方 向	图　解
60°	30°	逆时针	60° 30° 30° 30°

（续表）

示例图样	小滑板转过的角度	转动方向	图解
	车 A 面，43°32′	逆时针	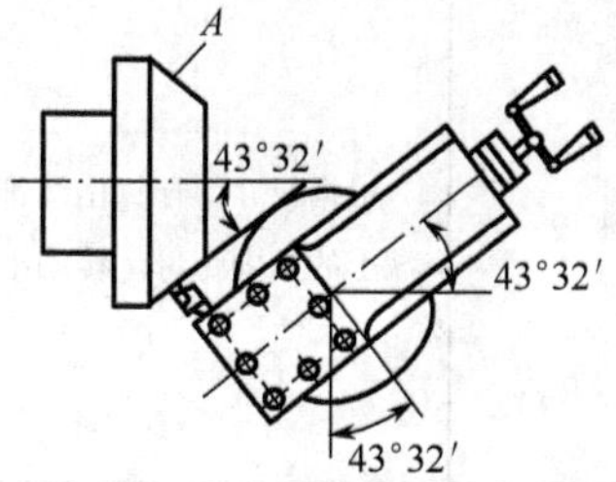
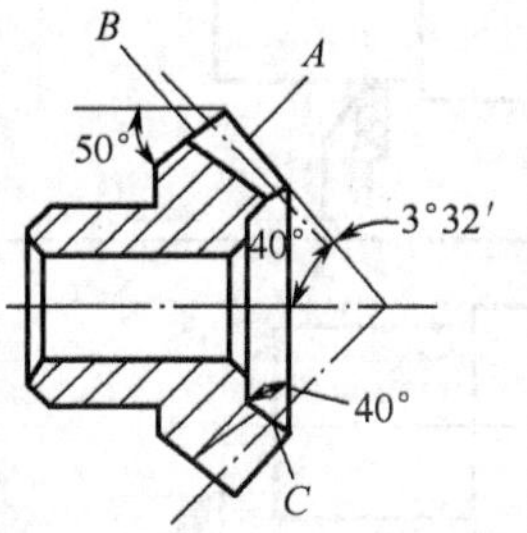	车 B 面，50°	顺时针	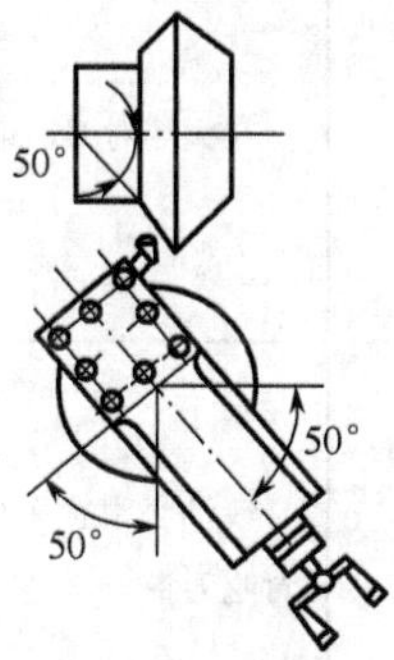
	车 C 面，50°	顺时针	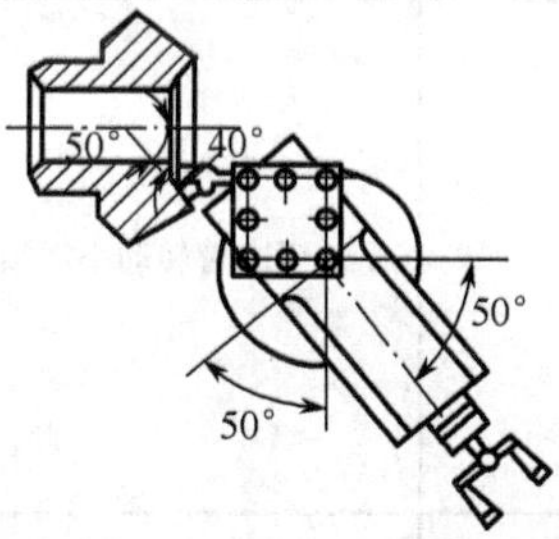

四、转动小滑板车圆锥体

1. 转动小滑板车削外圆锥体

（1）转动小滑板车削外圆锥体的操作方法（见表 5-4）

表 5-4　转动小滑板车削外圆锥体

操作步骤	操作说明	图解
车外圆	先按圆锥体大端尺寸车出外圆	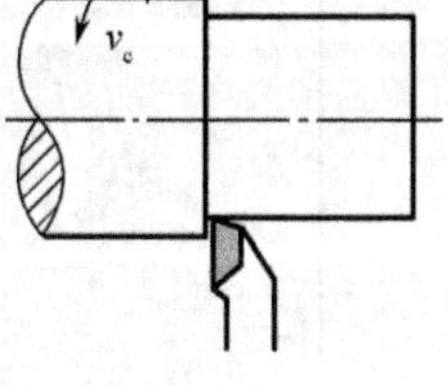

（续表）

操作步骤	操作说明	图解
转动小滑板	根据尺寸，计算出圆锥半角（α/2），松开小滑板底座转盘上的紧固螺母，转动小滑板，然后锁紧转盘	
对刀	在大端对刀，记住中滑板刻度，退出	
调整背吃刀量	转动小滑板手柄，将车刀退至右端面，根据刻度调整背吃刀量	
粗车	双手交替转动小滑板手柄，对锥度进行粗车	
检测	用圆锥量规（或游标万能角度尺）检测，检测方法与情况分析判断见表5-5和表5-6	（a）用圆锥量规检测 β=90°+α/2 （b）用游标万能角度尺检测

（续表）

操作步骤	操作说明	图　解
修调角度	根据情况调整小滑板角度，保证圆锥半角的正确	
精车	角度调整好后，通过对刀对锥体进行精车	

（2）操作说明

1）如果角度不是整数，如$\alpha/2=5°42'$，可在5.5°～6°之间估计，试切后逐步找正。

2）当工件的圆锥半角大于滑板所示刻度示值时（滑板刻度示值一般为左右50°），就需要使用辅助刻线的方法来找正工件圆锥半角了。例如，加工一圆锥半角为70°的工件，就必须先把小滑板转过50°，然后在滑板转盘对准中滑板零位线时划一条辅助刻线，再根据这条辅助刻线将小滑板转过20°，这样小滑板就转过了70°了，如图5-5所示。

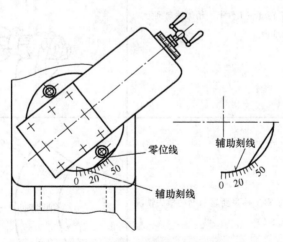

图5-5　用辅助刻线转动小滑板

3）锥度用圆锥量规进行检测时，必须配以涂色，观察擦痕来判断其角度大小。圆锥量规有圆锥套规和圆锥塞规两种，如图5-6所示。用涂色法检测工件的方法见表5-5。圆锥量规检测圆锥的判断见表5-6。

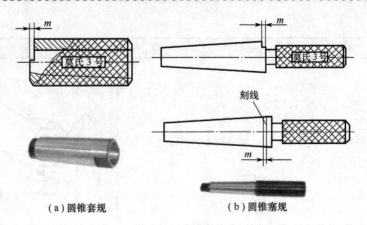

（a）圆锥套规　　　　　　（b）圆锥塞规

图 5-6　圆锥量规

表 5-5　用涂色法检测工件的方法

操作项目	说　　明	图　　解
涂色	先在工件的圆周上顺着圆锥素线薄而均匀地涂上 3 条显示剂（印油、红丹粉和机械油等的调和物）	
配合检测	将圆锥套规轻轻套在工件上，稍加轴向推力，并将套规转动 1/3 圈	
判断	取下套规，观察工件表面显示剂被擦去情况（判断情况见表 5-6）	

表 5-6 圆锥量规检测圆锥的判断

检验方法	用圆锥套规检验外圆锥		用圆锥塞规检验内圆锥	
显示剂的涂抹位置	外圆锥工件		圆锥塞规	
显示剂擦去的情况	小端擦去，大端未擦去	大端擦去，小端未擦去	小端擦去，大端未擦去	大端擦去，小端未擦去
工件圆锥角	小	大	大	小
检测圆锥线性尺寸	外圆锥的最小圆锥直径		内圆锥的最大圆锥直径	

4）锥度调整时，用左手拇指紧贴在小滑板与中滑板底盘上，按所需方向，用铜棒轻轻敲击小滑板。

（3）外圆锥体尺寸的控制

当锥度已找正，而大端或小端尺寸还未能达到要求时，必须再车削，可用下面的方法来解决其背吃刀量，从而控制尺寸。

1）计算法。先用锥度套规测量出工件端面至套规过端界面的距离 a，如图 5-7 所示。用公式 $a_p=a\tan\alpha/2$ 或 $a_p=a\cdot C/2$ 计算出背吃刀量 a_p。然后移动中、小滑板，使车刀轻轻接触工件圆锥小端外圆表面后退出小滑板，中滑板按 a_p 值进切，小滑板手动进给精车外锥面至尺寸要求，如图 5-8 所示。

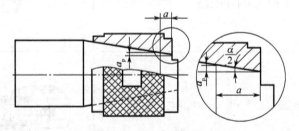

图 5-7 计算法控制锥体尺寸

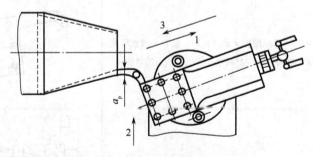

图 5-8 用中滑板调整精车背吃刀量 a_p

2）移动床鞍法。根据测量出的长度 a，使车刀轻轻接触工件小端表面，接着移动小滑板，使车刀离开工件一个 a 的距离，如图 5-9（a）所示。然后移动床鞍，使车刀与工件端面接触，如图 5-9（b）所示。此时虽没有移动中滑板，但车刀已切入了一个所需的深度 a_p。

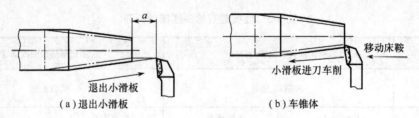

|（a）退出小滑板 | （b）车锥体 |

图 5-9　移动床鞍

2. 转动小滑板车削内圆锥体

车削内圆锥体时，其车削是在孔内进行的，不易观察，因而要比车外圆锥体困难得多，为了便于测量，工件在装夹时应使锥孔大端直径的位置在外端。

转动小滑板车削内圆锥体适用于单件、小批量生产，特别适用于锥孔直径较大、长度较短、锥度较大的圆锥孔。

（1）转动小滑板车削内圆锥体的方法

其操作步骤见表 5-7。

表 5-7　转动小滑板车削内圆锥体的操作步骤

操作步骤	操作说明	图　解
车端面	先用 90° 外圆车刀车平工件端面	
钻孔	选择比锥孔小端直径小 1～2mm 的麻花钻钻孔	
转动小滑板	根据尺寸，计算出圆锥半角（$\alpha/2$），松开小滑板底座转盘上的紧固螺母，顺时针转动小滑板，然后锁紧转盘	
粗车内圆锥体	调整背吃刀量，双手交替转动小滑板手柄，对锥度进行粗车	

（续表）

操作步骤	操作说明	图　解
检测	当粗车至圆锥塞规能进孔 1/2 长度时，采用涂色法，用圆锥塞规检测	
修调角度	根据情况调整小滑板角度，保证圆锥半角正确	
精车	角度调整好后，通过对刀对锥体进行精车	

（2）内圆锥体尺寸的控制

精车内圆锥体控制尺寸的方法与精车外圆锥体控制尺寸的方法相同，也可采用计算法或移动床鞍法确定切削深度 a_p，如图 5-10 和图 5-11 所示。

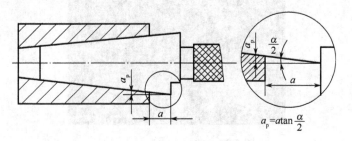

$$a_p = a\tan\frac{\alpha}{2}$$

图 5-10　用计算法控制内圆锥体尺寸

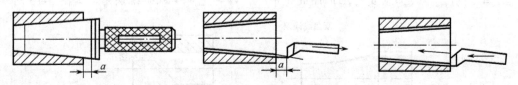

图 5-11　用移动床鞍法控制内圆锥体尺寸

（3）车削内外圆锥配合体件

车削内外圆锥配合体件的方法有车刀反装法和车刀正装法两种。

1）车刀反装法。外圆锥体车好后，不变动小滑板的转动角度，只是将内孔车刀反装，使其前面向下，刀尖应对准工件回转中心，车床主轴仍正转，然后车削内圆锥孔，如图 5-12 所示。

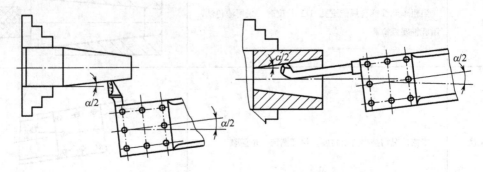

图 5-12　用车刀反装法车削内外圆锥配合体件

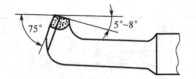

图 5-13　弯头方向相反的锥孔车刀

2）车刀正装法。采用与一般内孔车刀弯头方向相反的锥孔车刀，如图 5-13 所示。车刀正装，使前刀面向上，刀尖对准工件回转中心。车床主轴应反转，然后车削内圆锥体。车刀相对工件的切削位置与车刀反装法时的切削位置相同。

 操作提示

1）车削前应调整小滑板镶条间隙，使小滑板移动均匀，如图 5-14 所示。

图 5-14　调整小滑板镶条间隙

2）车削前，车刀必须要对准工件旋转中心，以避免产生双曲线误差，如图 5-15 所示。

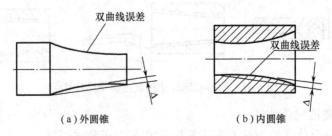

（a）外圆锥　　　　　　　　（b）内圆锥

图 5-15　双曲线误差

3）当小滑板角度调整到相差不多时，只需要把紧固螺母稍松一些，用左手拇指紧贴在小滑板转盘与中滑板底盘上，右手用扳手（或铜棒）轻轻敲小滑板，凭手指判断小滑板微转动量，这样去找正锥度，如图 5-16 所示。

4）车削时，应两手握小滑板手柄，交替均匀摇动小滑板，如图 5-17 所示。

图 5-16　微调小滑板角度

图 5-17　双手交替均匀摇动小滑板

五、操作实例

1．加工图样

转动小滑板车削圆锥体工件加工图样如图 5-18 所示。

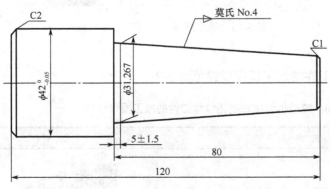

图 5-18　转动小滑板车削圆锥体工件加工图样

2．加工操作

（1）图样分析

1）圆锥体为莫氏 No.4 锥度，最大圆锥直径为 31.267mm。

2）左端大外圆为 ϕ42mm，尺寸公差为 $_{-0.05}^{0}$。

3）工件全部主要尺寸表面粗糙度为 Ra1.6μm。

4）工件各主要表面倒角不一样，左端大外圆 ϕ42mm 为 C2，右端莫氏 No.4 锥度小端倒角 C1，锐边倒钝，即 C0.2～C0.5。

（2）切削用量的选用

具体的切削用量见表 5-8。

表 5-8 转动小滑板车削圆锥体工件时的切削用量

要　素		加工性质	
		粗车	精车
背吃刀量 a_p（mm）	外圆车削	视加工要求而定	0.3～0.4
	圆锥面车削		0.2～0.3
进给量 f（mm/r）	外圆车削	0.2～0.3	0.12
	圆锥面车削	按速率要求选用	
转速 n（rpm）		400～600	750～800

（3）操作准备

准备好 CA6140 型车床、$\phi45mm\times122mm$ 的 45 钢棒料、90°车刀、45°车刀、游标卡尺、千分尺、锥度量规等，如图 5-19 所示。

图 5-19　操作准备

（4）操作步骤

转动小滑板车削圆锥体工件的加工操作步骤见表 5-9。

表 5-9　转动小滑板车削圆锥体工件的加工操作步骤

步　骤	操作说明	图　解
装夹工件	工件采用三爪自定心卡盘直接装夹，保证伸出长度 50mm，找正夹紧	
安装车刀	将 90°车刀、45°车刀安装在刀架上	

（续表）

步　骤	操 作 说 明	图　解
车端面	用 90° 外圆车刀车左端面（端面加工余量为 0.5～1mm 左右）	
车外圆	粗、精车外圆 $\phi 42_{-0.05}^{0}$ mm 至尺寸要求，长度大于 40mm	
倒角	用 45° 车刀倒 C2 的角	
调头装夹	工件调头，夹持 $\phi 42_{-0.05}^{0}$ mm 的外圆，伸出长度 85mmn 左右，找正夹紧	
车端面控总长	车端面，控制总长 120mm	

步　骤	操 作 说 明	图　解
车圆大端直径	车外圆ϕ32mm，长80mm	
粗车圆锥体	将小滑板逆时针转动圆锥半角（$\alpha/2$=1°29′15″），粗车圆锥体	
检测	采用涂色法，用圆锥量规检测，根据检测结果，调整小滑板转角	
精车圆锥体	精车圆锥体至尺寸要求	
倒角	用45°车刀倒C1的角	

零件加工后如图 5-20 所示。

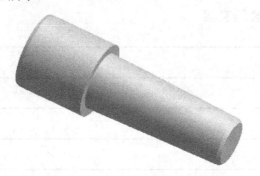

图 5-20　加工后的零件立体图

 **技能训练**

活动一技能训练内容见表 5-10。

表 5-10　活动一技能训练内容

课题名称	转动小滑板车削圆锥体		课题开展时间		指导教师	
学生姓名		分组组号				
操作项目	活动实施			技能评价		
				优良	及格	差
使用车床的型号						
完成右图所示工件的车削加工	1:15 $\phi 60^{\ 0}_{-0.19}$　$\phi 52^{\ 0}_{-0.046}$　18　72　96 材料：45 钢 备料：$\phi 65mm \times 100mm$ 技术要求： 1. 全部 $R_a 3.2 \mu m$ 2. 全部倒角 C1					

活动一 学习体会与交流

_____

_____

_____

_____

_____

_____

活动二 偏移尾座车圆锥体

 **任务目标**

1. 掌握用偏移尾座的方法加工锥面。
2. 掌握尾座偏移量的计算方法。

 **知识内容**

采用偏移尾座法车外圆锥面，必须将工件装夹在两顶尖间，把尾座向里（用于车正外圆锥面）或向外（用于车倒外圆锥面）横向移动一段距离 S 后，使工件回转轴线与车床主轴轴线相交一个角度，并使其大小等于圆锥半角 $\alpha/2$。由于床鞍进给是沿平行于主轴轴线的进给方向移动的，当尾座横向移动一段距离 S 后，工件就车成了一个圆锥体，如图 5-21 所示。

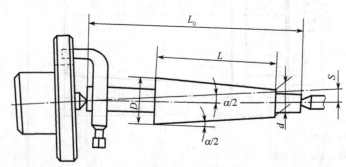

图 5-21　采用偏移尾座法车圆锥

一、偏移尾座法车削圆锥体的特点

1）适宜加工锥度小、精度不高、锥体较长的工件。
2）受尾座偏移量的限制，不能加工锥度大的工件。

3）可实现纵向机动进给车削，加工表面粗糙度值较小。

4）由于工件在两顶尖间装夹，因而不能车削整锥体或内圆锥。

5）因顶尖在中心孔中是歪斜的，接触不良，如图 5-22 所示，因此顶尖与中心孔磨损不均匀。为使顶尖与工件中心孔有良好的接触，可采用球头顶尖或 R 型中心孔，如图 5-23 所示。

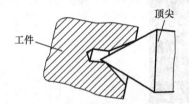 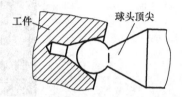

图 5-22　工件中心孔与顶尖接触不良　　　　图 5-23　后顶尖采用球头顶尖支撑

二、偏移尾座量 S 的计算

用偏移尾座法车削圆锥时，尾座的偏移量不仅与圆锥长度 L 有关，而且还与两个顶尖之间的距离有关，这段距离一般可近似看成工件全长 L_0。尾座偏移量 S 可以根据下面的近似公式计算：

$$S= L_0\tan\frac{\alpha}{2} = L_0 \times \frac{D-d}{2} \text{ 或 } S= \frac{C}{2}L_0$$

式中　S——尾座偏移量，mm；

　　　D——最大圆锥直径，mm；

　　　d——最小圆锥直径，mm；

　　　L——圆锥长度，mm；

　　　L_0——工件全长，mm；

　　　C——锥度。

三、偏移尾座的方法

用偏移尾座法车削圆锥体前，要先把前后两顶尖和尾座上下层零线对齐，如图 5-24 所示。然后根据 S 的大小采用不同的方法来偏移尾座。

 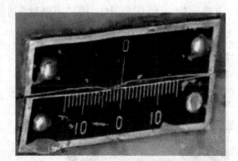

（a）对齐前后顶尖　　　　　　　（b）对齐尾座上下层零线

图 5-24　调整顶尖与尾座

1. 利用尾座刻线偏移

1）松开尾座紧固螺母，如图 5-25 所示。

图 5-25　松开紧固螺母

2）调整尾座两边的螺钉，如图 5-26 所示，根据刻度值移动一个距离 S，如图 5-27 所示。

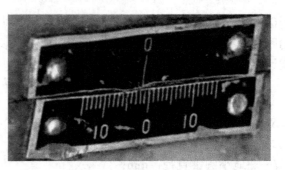

图 5-26　调整尾座两边的螺钉　　　　图 5-27　尾座偏移一个距离 S

3）拧紧尾座紧固螺母。

2. 利用划线法偏移

这种方法适用于无刻度的尾座，其操作方法如下。

1）先在尾座后面涂一层白粉，用划针在尾座上层划出两条刻线，使两条刻线间的距离等于 S，再在尾座下层划出一条刻线，如图 5-28 所示。

2）调整尾座，使尾座上层第二根刻线与尾座下层刻线对齐，如图 5-29 所示，这样，就偏移了一个 S 的距离。

图 5-28　划刻线　　　　　　　　　图 5-29　调整偏移量

3．利用中滑板刻度偏移

1）在刀架上夹持一根铜棒，如图 5-30 所示。

2）摇动中滑板手柄，使铜棒端面与尾座套筒接触，记住中滑板刻度值，如图 5-31 所示。

图 5-30　夹持铜棒　　　　图 5-31　铜棒与尾座套筒接触

3）根据偏移量 S 计算出中滑板应转退格数。

4）按计算出的格数退出铜棒一个偏移量 S 的距离，如图 5-32 所示。

5）调整并移动尾座上层，使套筒与铜棒接触，如图 5-33 所示。

图 5-32　退出一个偏移量的距离　　　　图 5-33　移动尾座上层

4．利用百分表偏移

1）把百分表固定在刀架上，使百分表与尾座套筒接触，如图 5-34 所示。

2）找正百分表零位，调整并偏移尾座，如图 5-35 所示。

图 5-34　安装百分表　　　　图 5-35　偏移尾座

3）当百分表指针转动至 S 值时，即可固定尾座。

5. 利用锥度量棒或样件偏移

1）在刀架上安装百分表。

2）将锥度量棒（或样件）装夹在两顶尖间。

3）摇动中滑板，使百分表表头与量棒母线接触，如图 5-36 所示。

4）摇动床鞍，如图 5-37 所示，观察百分表在量棒两端的读数，如不一致，则应偏移尾座，直至两端读数一致为止，如图 5-38 所示。

图 5-36　安装百分表和量棒

图 5-37　摇动床鞍并观察读数

（a）读小端读数

（b）读大端读数

图 5-38　量棒两端读数

四、偏移尾座法车削圆锥体的方法

偏移尾座法车削圆锥体的方法见表 5-11。

表 5-11　偏移尾座法车削圆锥体的方法

操作步骤	操作说明	图　解
车夹持位	三爪卡盘夹持工件一端，车端面和夹持位	

（续表）

操作步骤	操作说明	图　解
钻中心孔	用中心钻在工件两端面上钻中心孔	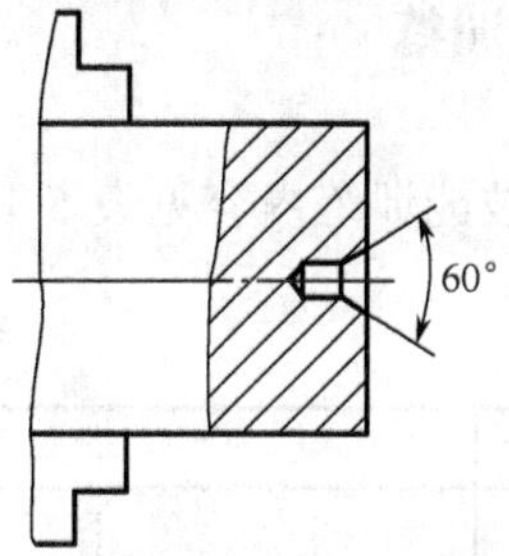
装夹工件	工件在两顶尖上装夹	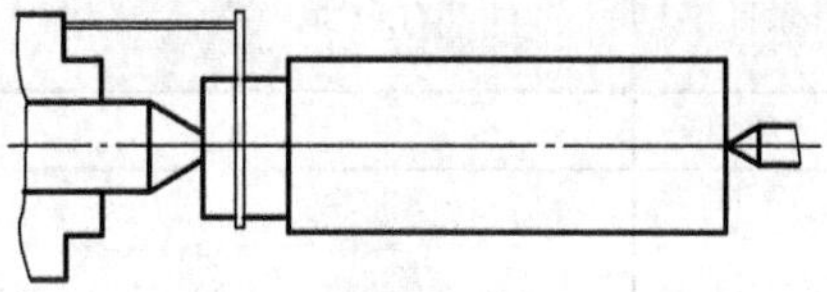
偏移尾座	根据偏移量调整尾座，并紧固尾座	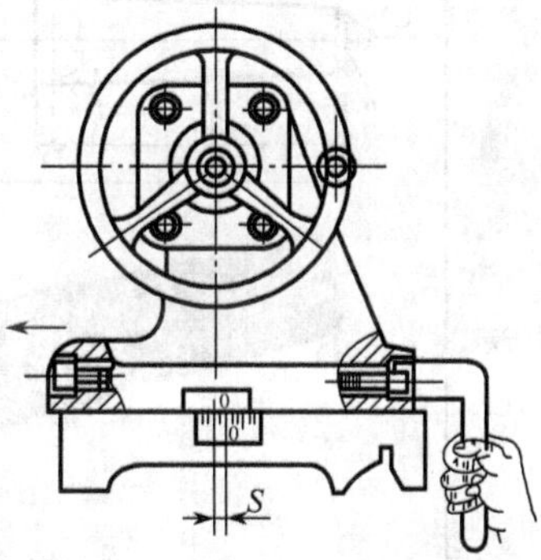
车削圆锥体	粗、精车圆锥体至图样要求	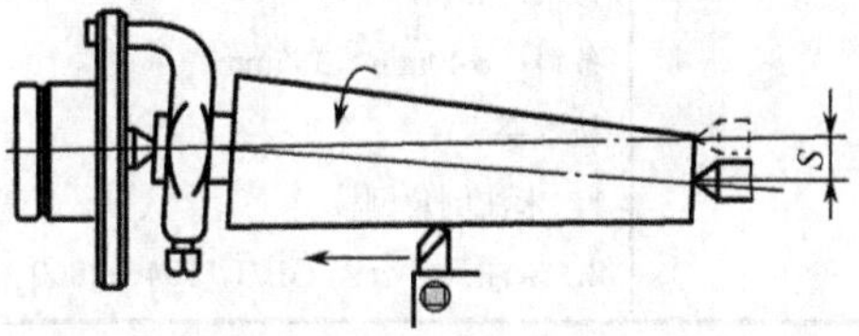

 操作提示

1）在粗车时，进刀不宜太深，应先找正锥度，以防工件车小而报废。

2）如果工件数量较多，工件长度和两端中心孔深度必须一致，否则，就会造成锥度不正确。

3）应随时注意工件在两顶尖间的松紧程度和前顶尖的磨损情况，以防工件飞出伤人。

4）在调整尾座在车床上的位置时，使前后顶尖间的距离为工件总长，此时尾座套筒伸出尾座的长度应小于套筒总长的1/2。

5）工件两端中心孔内应加黄油脂，装鸡心夹头，工件的松紧程度以手能轻轻拨动工件且无轴向移动为宜。

6）精加工锥体时，a_p 和 f 都不能太大，否则会影响锥面的加工质量。

 技能训练

活动二技能训练内容见表 5-12。

表 5-12　活动二技能训练内容

课题名称	偏移尾座车圆锥体		课题开展时间	指导教师
学生姓名		分组组号		
操作项目	活动实施		技能评价	
			优良　及格　差	
使用车床的型号				
完成右图所示工件的车削加工	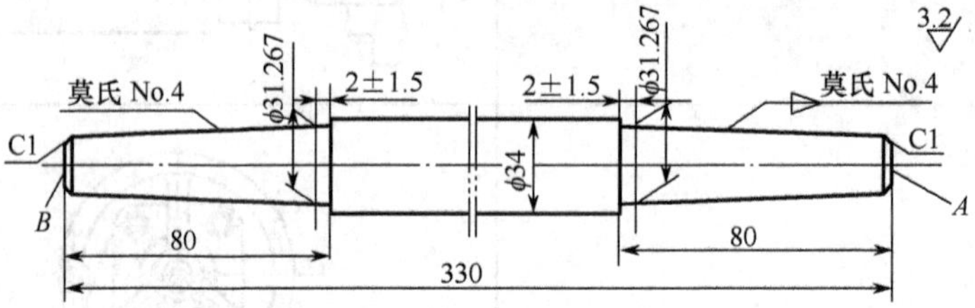 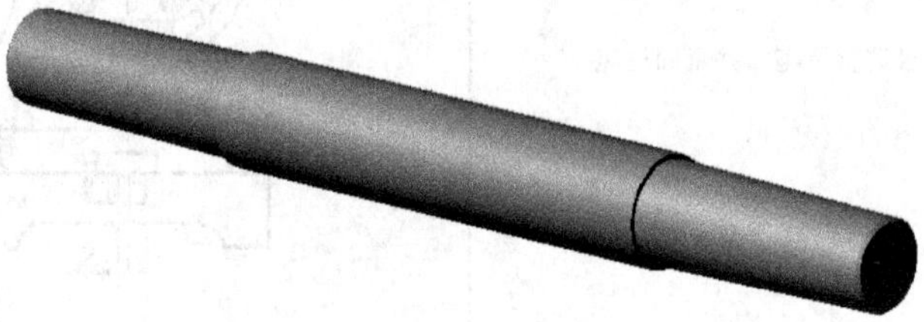  材料：45 钢 备料：ϕ40mm×335mm 技术要求： 1. 未注倒角倒棱 2. 未注尺寸公差 GB/T 1804—2000			

图中标注：莫氏 No.4　ϕ31.267　2±1.5　ϕ34　2±1.5　ϕ31.267　莫氏 No.4　3.2　C1　B　80　330　80　A　C1

 活动二学习体会与交流

_____

_____

_____

_____

_____

_____

活动三　宽刃刀车圆锥体

任务目标

1. 掌握宽刃刀的安装方法。
2. 掌握宽刃刀车削圆锥体的方法。

知识内容

宽刃刀车圆锥体，实质上也属于成形法车削，即用成形刀具对工件进行加工。它是在车刀安装后，使主切削刃与主轴轴线的夹角等于工件的圆锥半角 $\alpha/2$，采用横向进给的方法加工出圆锥面。

宽刃刀车圆锥体主要适用于锥面较短、圆锥半角精度要求不高的锥体。

一、宽刃刀车圆锥体的基本要求

1）宽刃刀切削刃必须平直，无崩口。

2）刃倾角为 0°。

3）车床及车刀必须要有很好的刚性。

4）车削时其速度不易选用过高，宜低一些。

5）车刀主切削刃与车床主轴轴线的夹角必须等于工件的圆锥半角 $\alpha/2$。宽刃刀在装夹时可用样板或万能角度尺找正，如图 5-39 所示。

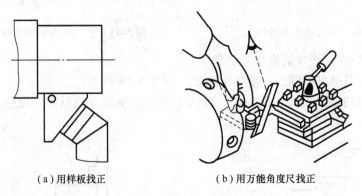

（a）用样板找正　　　　　　　　　（b）用万能角度尺找正

图 5-39　宽刃刀的找正

6）宽刃刀安装时其切削刃应与工件回转中心等高。

二、宽刃刀车圆锥体的方法

1. 宽刃刀车削外圆锥体

车削较短的外圆锥体时，可先用宽刃粗车刀将被加工表面车成阶梯状，如图 5-40 所示，以去掉大部分余量，然后再使用宽刃精车刀进行精车，如图 5-41 所示。

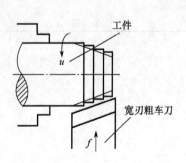

图 5-40　用宽刃粗车刀先车成阶梯状

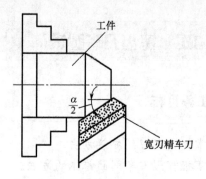

图 5-41　用宽刃精车刀精车

当工件圆锥面长度大于宽刃刀切削刃时，一般要采用接刀法车削，如图 5-42 所示。这时工件在装夹时应尽量短一些。

2．宽刃刀车削内圆锥体

车削内圆锥体的宽刃刀一般选用高速钢车刀，前角 γ_0 取 $20°\sim30°$，后角 α_0 取 $8°\sim10°$。车刀刀刃必须平直，与刀柄底平面平行，且与刀柄轴线夹角为 $\alpha/2$，如图 5-43 所示。

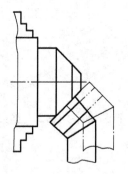

图 5-42　接刀法车圆锥体

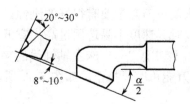

图 5-43　车内圆锥体的宽刃刀

用宽刃刀车削内圆锥体的操作方法如下。

1）先用车孔刀粗车内锥面，留粗车余量，如图 5-44 所示。

2）将宽刃刀的切削刃伸入孔内，长度大于锥长，横向（或纵向）进给，低速车削，如图 5-45 所示。

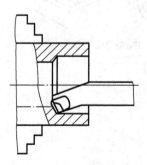

图 5-44　用车孔刀粗车内圆锥面

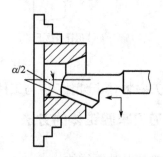

图 5-45　用宽刃刀精车内圆锥面

操作提示

1）使用宽刃刀车削圆锥，在车到尺寸时，切削刃应在锥面上滞留一段时间，直至切削刃不下切屑为止，以达到光刃车削的目的。

2）宽刃刀车圆锥会产生很大的切削力，易引起振动，因而车削前应调整好中、小滑板镶条的间隙。

 **技能训练**

活动三技能训练内容见表 5-13。

表 5-13　活动三技能训练内容

课题名称		宽刃刀车圆锥体		课题开展时间	指导教师
学生姓名		分组组号			
操作项目	活动实施			技能评价	
			优良	及格	差
使用车床的型号					
完成右图所示工件的车削加工	φ50 φ20 φ26 C=1:5 12　9 30  材料：45 钢 备料：φ52mm×35mm 技术要求： 1. 全部 Ra1.6μm 2. 孔口倒棱				

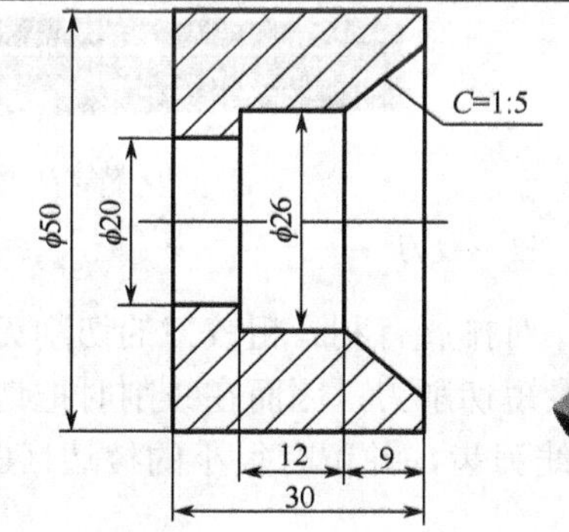

 活动三学习体会与交流

_____

_____

_____

_____

活动四　用锥形铰刀铰内圆锥面

 **任务目标**

1. 了解锥形铰刀的结构种类。
2. 掌握锥形铰刀铰内圆锥面时切削用量的选用。
3. 掌握锥形铰刀铰内圆锥面的方法。

 **知识内容**

在加工直径较小的内圆锥面时，因为刀柄的刚性差，加工出的内圆锥面精度差，表面粗糙度值大，这时可以用锥形铰刀加工。用铰削方法加工的内圆锥面比车削加工的精度高，表面粗糙度 R_a 可达到 1.6～0.8μm。

一、锥形铰刀

锥形铰刀一般分为粗铰刀和精铰刀两种，如图 5-46 所示。

　　　　（a）粗铰刀　　　　　　　　　　　　　　　　　　（b）精铰刀

图 5-46　锥形铰刀

粗铰刀的槽数比精铰刀少，容屑空间大，对排屑有利。粗铰刀的切削刃上开有一条右螺旋分屑槽，将原来很长的切削刃分割成若干段短切削刃，因而在铰削时把切屑分成几段，使切屑容易排出。精铰刀做成锥度很准确的直线刃齿，并留有很小的棱边（0.1～0.2mm），以保证内圆锥面的质量。

二、铰削的方法

1. 切削用量的选用

铰削内圆锥面时，参加切削的切削刃长，切削面积大，排屑较为困难，因而切削用量要选得小一些。

1）切削速度 v_c。切削速度一般选 5mm/min 以下，进给应均匀。

2）进给量 f。进给量大小根据锥度大小选取，锥度大时进给量小些；锥度小时，进给量可大些。在铰削锥角 $\alpha \leqslant 3°$ 的锥孔（如莫氏锥孔）时，钢件进给量一般选 0.15～0.30mm/r；铸铁件进给量一般选 0.3～0.5mm/r。

2. 切削液的选用

铰削内圆锥面时，必须充分浇注切削液，以减少表面粗糙度值。

铰削钢件时可使用乳化液或切削油；铰削合金钢或低碳钢时可使用植物油；铰削铸铁件

时可使用煤油或柴油。

3. 铰削的方法

铰圆锥孔时，将铰刀安装在尾座套筒内，铰孔前必须用百分表把尾座中心调整到与主轴轴线重合的位置，否则铰出的锥孔不正确，表面质量也不高。

根据内圆锥孔直径大小、锥度大小和精度高低不同，铰内圆锥面有以下 3 种工艺方法。

1）钻——车——铰内圆锥面。当内圆锥的直径和锥度较大，且有较高的位置精度时，可以先钻底孔，然后粗车成锥孔，并在直径上留铰削余量 0.1～0.2mm，再用铰刀铰削，如图 5-47 所示。

2）钻——铰内圆锥面。当内圆锥的直径和锥度较小时，可以先钻底孔，然后用锥形粗铰刀铰锥孔，最后用精铰刀铰削成形，如图 5-48 所示。

3）钻——扩——铰内圆锥面。当内圆锥的长度较长，余量较大，有一定的位置精度要求时，可以先钻锥孔，然后用扩钻扩成阶梯状孔，最后用粗铰刀、精铰刀铰孔，如图 5-49 所示。

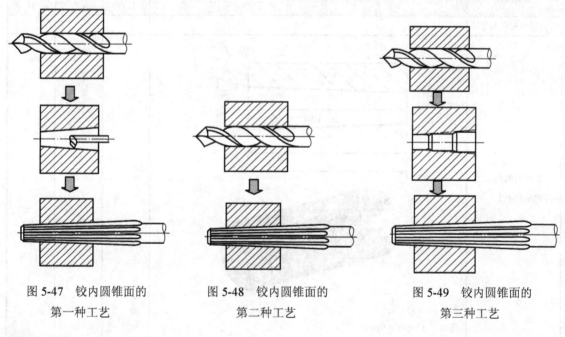

图 5-47　铰内圆锥面的　　　　图 5-48　铰内圆锥面的　　　　图 5-49　铰内圆锥面的
　　　　第一种工艺　　　　　　　　第二种工艺　　　　　　　　第三种工艺

 操作提示

1）铰内圆锥面时，铰刀轴线必须与主轴轴线重合；铰内圆锥面时，可以将铰刀装夹在浮动夹头上，浮动夹头装在尾座套筒锥孔中，以免因铰孔时由于轴线偏斜而引起工件孔径扩大。

2）内圆锥面的精度和表面质量是由铰刀的切削刃保证的，因而铰刀刀刃必须很好保护，不准碰毛，使用前要先检查刀刃是否完好；铰刀磨损后，应在工具磨床上修磨（不要用油石研磨刃带）；铰刀用毕要擦干净，涂上防锈油，并妥善保管。

3）铰锥孔时，要求孔内清洁、无切屑及具有较小的表面粗糙度 Ra 值；在铰孔过程中应经常退出铰刀，清除切屑，并加注充足的切削油冲刷孔内切屑，以防止由于切屑过多使铰刀在铰孔过程中卡住，造成工件报废。

4）铰内圆锥面时，车床主轴只能顺转，不能反转，否则会损坏铰刀切削刃。

5）铰锥孔时，若碰到铰刀锥柄在尾座套筒内打滑旋转，必须立即停车，绝不能用手抓，以防划伤手；铰孔完毕后，应先退铰刀后停车。

6）铰内圆锥面时，手动进给应慢而均匀。

 技能训练

活动四技能训练内容见表 5-14。

表 5-14　活动四技能训练内容

课题名称	铰内圆锥面			课题开展时间	指导教师
学生姓名		分组组号			
操作项目	活动实施			技能评价	
				优良	及格	差
使用车床的型号						
完成右图所示工件的车削加工	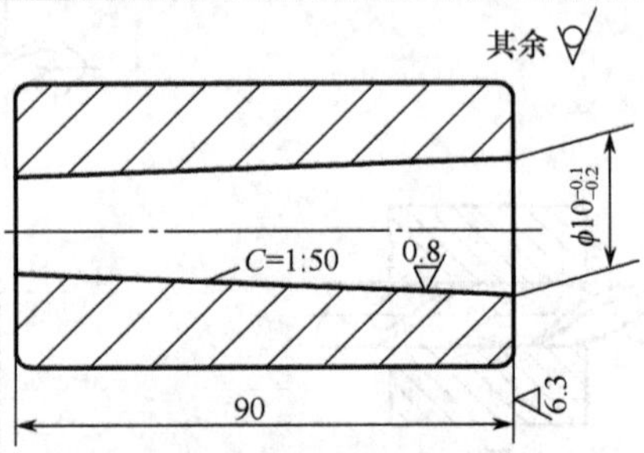   材料：45 钢　备料：ϕ35mm×91mm					

 活动四学习体会与交流

_____

_____

_____

_____

_____

项目六 车成形面与滚花

有些机器零件的表面在零件的轴向剖面中呈曲线形，如圆球手柄、橄榄手柄等，如图 6-1 所示。具有这些特征的表面称为成形面。

（a）圆球手柄

（b）橄榄手柄

图 6-1　具有成形面的零件

 **任务目标**

1. 掌握圆球加工时长度 L 的计算方法。
2. 掌握双手控制法车削成形面的方法。
3. 了解成形面的其他车削方法。
4. 根据图样要求，用外径千分尺、半径规、样板等对圆球进行检测。

知识内容

在车床上加工成形面时，应根据工件的表面特征、精度要求和生产批量，采用不同的加工方法。这些加工方法有双手控制法、成形法（即样板刀车削法）、仿形法（靠模法）、专用工具法等。

一、双手控制法车成形面

在单件加工时，通常采用双手控制法车削成形面，如图 6-2 所示。在车削时，用右手控制小滑板的进给，用左手控制中滑板的进给，通过双手的协同操作，使车刀的运动轨迹与工件成形面的素线一致，车出所要求的成形面。成形面也可利用床鞍和中滑板的合成运动进行车削。

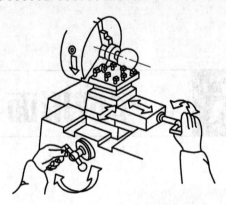

图 6-2　双手控制法

1. 计算单球手柄形体长度

车削如图 6-3 所示的单球手柄时，应先按圆球直径 D 和柄部直径 d 车成两级外圆（留精车余量 0.2～0.3mm），并车准球状部分长度 L。球形长度的正确计算，是保证球形形状精度的前提条件，球形长度可用下式计算：

$$L = \frac{1}{2}(D + \sqrt{D^2 - d^2})$$

式中　L——球状部分长度，mm；

　　　　D——圆球直径，mm；

　　　　d——柄部直径，mm。

2. 车削速度分析

双手控制法车成形面的车刀刀尖速度运行轨迹如图 6-4 所示，车刀刀尖位于各位置上的横向、纵向进给速度是不相同的。车削 a 点时，中滑板横向进给速度 v_{ay} 要比床鞍纵向进给速度 v_{ax} 小，否则车刀会快速切入工件，使工件直径变小；车削 b 点时，中滑板与床鞍的进给速度 v_{bc} 与右进给速度 v_{bx} 相等；车削 c 点时，中滑板进给速度 v_{cy} 要比床鞍右进给速度 v_{cx} 大，否则车刀就会离开工件表面，而车不至中心。

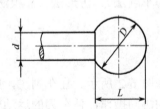

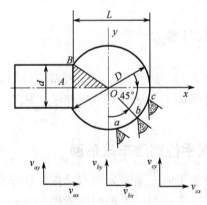

图 6-3　计算单球手柄球状部分长度　　　图 6-4　双手控制法车削成形面时车削速度的分析

3. 车削方法

双手控制法车削成形面的方法见表 6-1（本技能操作以单球手柄为例）。

表 6-1　双手控制车削成形面的方法

操作步骤	操 作 说 明	图 解
尺寸控制	车出圆球直径 D（留余量 0.2mm）	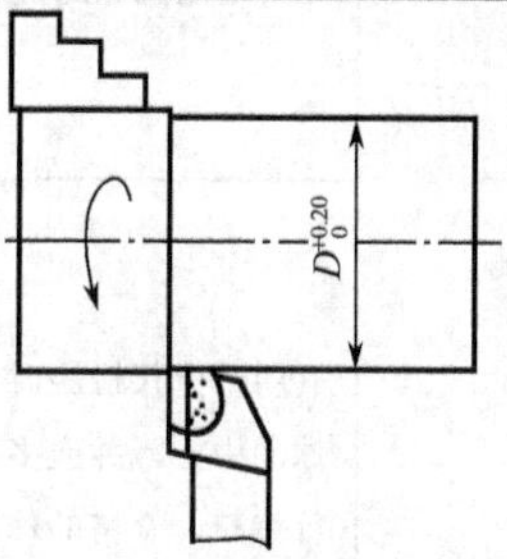
	切槽控制球形长度 L 及柄部直径 d	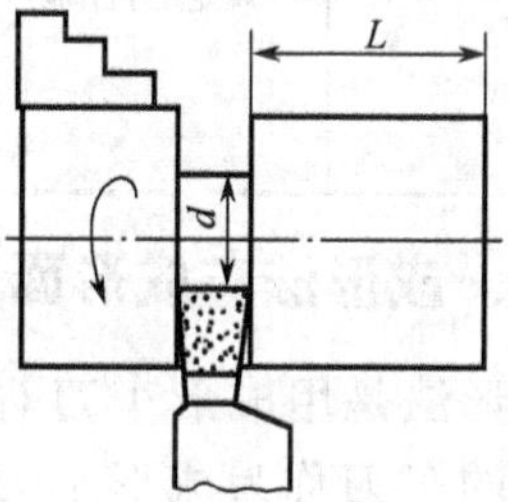
划中心线	从右端面量起，以半径 R 为长度，划出圆球中心线，以保证车圆球时左、右球面的对称	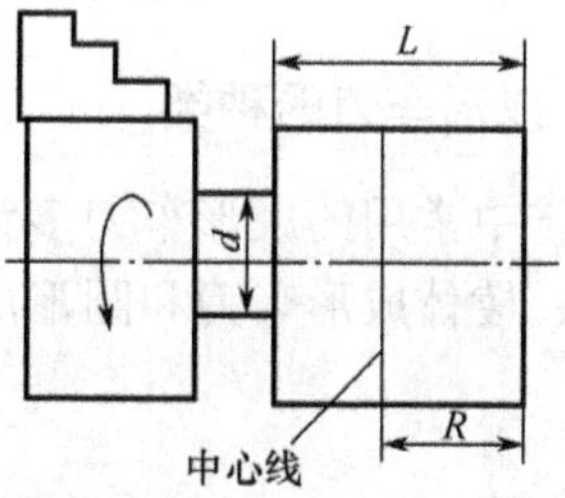
车削	为了减少车圆球时的车削余量，可先用 45° 车刀将圆球外圆两端倒角后再进行车削	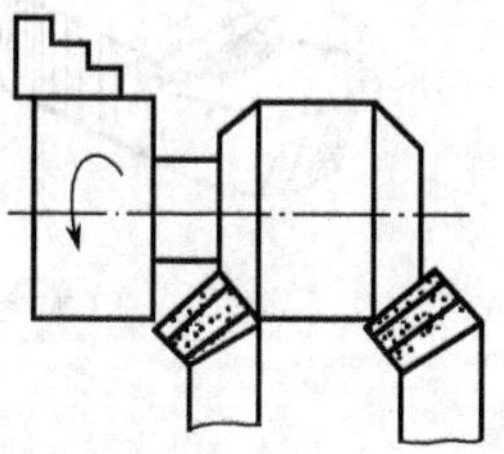
	用半径为 2～3mm 的圆头刀从最高点 a 向左（c 点）、右（b 点）方向逐步把余量车去	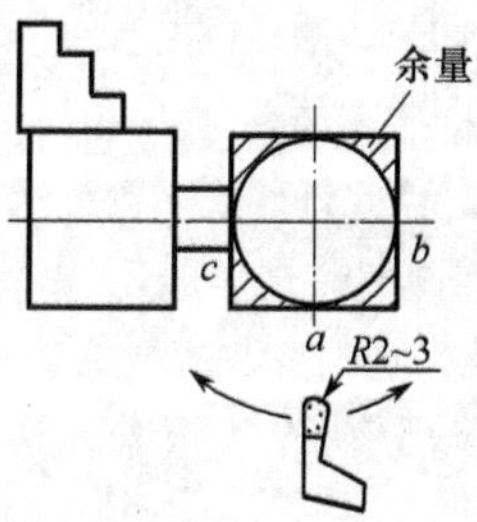

（续表）

操作步骤	操作说明	图　解
检测	用样板检测时，样板应对准工件中心，观察样板与工件之间间隙的大小，并根据间隙情况进行修整	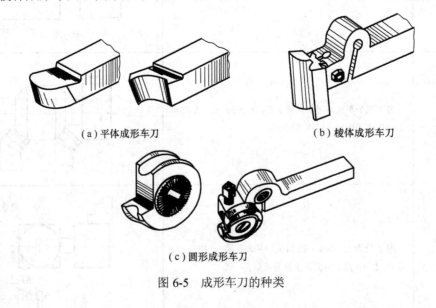
	用千分尺检测时，千分尺测微螺杆轴线应通过工件球面中心，并应多次变化测量方向，根据测量结果进行修整。合格的球面，各测量方向所测得的值应在图样规定的范围内	

二、成形法车成形面

　　成形法是用成形车刀对工件进行加工的方法。切削刃的形状与工件成形表面轮廓形状相同的车刀称为成形车刀，又称为样板刀。数量较多、轴向尺寸较小的成形面可用成形法车削。

1．成形车刀的种类

　　生产中常用的成形车刀多为径向成形车刀。径向成形车刀按其结构和形状可分为平体成形车刀、棱体成形车刀和圆形成形车刀 3 种，如图 6-5 所示。其特点和用途见表 6-2。

（a）平体成形车刀　　　　　　　　　（b）棱体成形车刀

（c）圆形成形车刀

图 6-5　成形车刀的种类

表 6-2 成形车刀的特点和用途

种 类	图 解	特 点	适 用 范 围
平体成形车刀	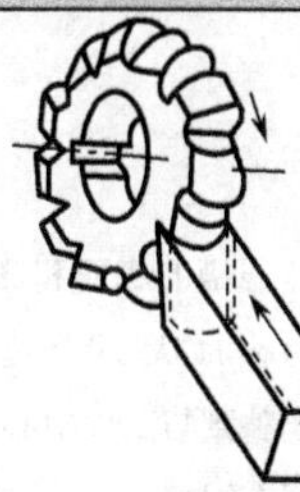	制造简单，但重磨次数少	适用于加工较简单的成形表面
棱体成形车刀	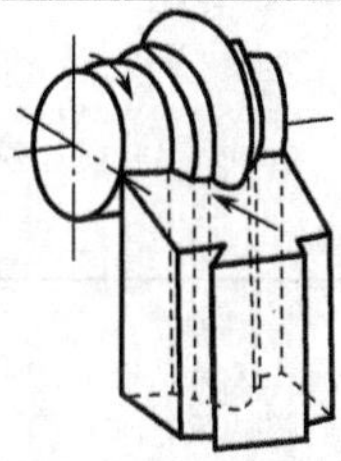	刀刃强度、散热条件好，加工精度高	适用于加工外成形面
圆形成形车刀	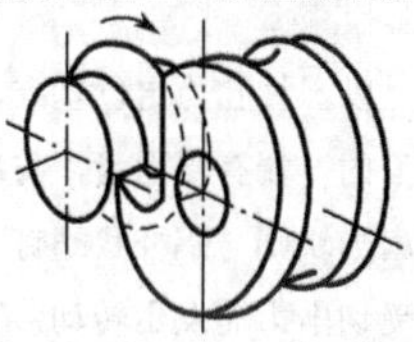	重磨次数多，使用寿命长，制造容易，但夹刀系统刚性差	适用于加工内、外成形面

2．成形车刀的安装

（1）安装要求

1）车刀装夹必须牢固。

2）车刀刀刃上最外缘点应对准工件中心。

3）成形车刀的定位基准应与零件轴线平行。

4）成形车刀安装后所获得的前角与后角应符合设计时所规定的参数。

（2）安装方式

成形车刀的安装方式见表 6-3。

表 6-3 成形车刀的安装方式

种 类	图 解	说 明
平体成形车刀	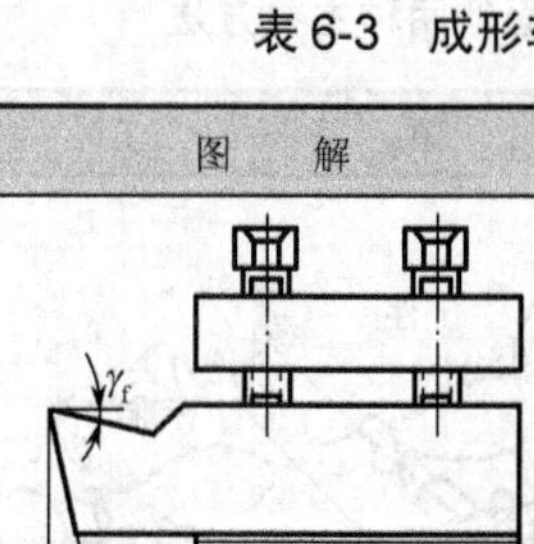	车刀直接安装在刀架上进行加工，用垫片将刀具调整到与工件中心等高

（续表）

种　类	图　解	说　明
棱体成形车刀		以燕尾槽的底面和侧面为定位基准，安装在倾斜角度为 α_f 的刀夹燕尾槽内，用刀具下端的螺钉 A 将刀尖调整到与工件中心等高，拧紧螺钉 B 即可将刀具夹紧在刀夹上
圆形成形车刀		以圆柱孔为定位基准，套装在刀夹的心轴上。车刀的一端有端面齿，与扇形块上的端面齿相啮合。扇形块则与蜗杆状螺钉啮合。这样既能防止车刀因受切削力而发生转动，又可调节车刀刀刃基准的高低位置

三、仿形法车成形面

按照刀具仿形装置进给对工件进行加工的方法称为仿形法。仿形法车成形面是一种加工质量好、生产率高的先进车削方法，特别适合质量要求较高、批量较大的生产。仿形车成形面的方法很多，表 6-4 介绍了两种主要方法。

表 6-4　仿形车成形面的两种主要方法

方法	车削原理	图　解	应用特点
尾座靠模仿形法	在刀架上装上一把长刀夹，长刀夹上装有圆头车刀和靠模杆。把一个标准样件（即靠模）装在尾座套筒内。车削时，用双手操纵中小滑板（或使用床鞍自动进给和用手操纵中滑板相配合），使靠模杆始终贴在标准样件上，并沿着标准样件的表面移动，圆头车刀就在工件上车出与标准样件相同的成形面		这种方法在一般车床上都能使用，但操作不太方便

（续表）

方法	车削原理	图　解	应用特点
靠模板仿形法	抽出中滑板的丝杠，并将小滑板转过 90°（以代替中滑板进给）。在床身的后面装上支架和靠模板，滚柱通过拉杆与中滑板连接，当床鞍移动时，滚柱在靠模板的曲线槽中移动，使车刀刀尖做相应的曲线运动	工件　拉杆　滚柱　支架　靠模板	这种方法操作方便，生产率高，成形面形状准确，质量稳定，但只能加工成形面形状变化不大的工件

四、专用工具车削法

专用工具车削法包括圆筒形刀具车削法、铰链推杆车削法与蜗杆副车削法 3 种。

1．圆筒形刀具车削法

圆筒形刀具的切削部分是一个圆筒，其前端磨斜 15°，形成一个圆的切削刃口，如图 6-6 所示。其尾柄和特殊刀柄应保持 0.5mm 的配合间隙，并用销轴浮动连接，以自动对准圆球面中心。用圆筒形刀具车圆球面工件时，一般应先用圆弧刃车刀大致粗车成形，再将圆筒形刀具的径向表面中心调整到与车床主轴轴线成一夹角 α，最后用圆筒形刀具把圆球面车削成形。

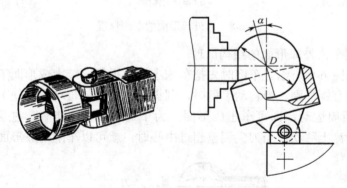

图 6-6　圆筒形刀具及其使用

该方法简单方便，易于操作，加工精度较高；适用于车削青铜、铸铝等脆性金属材料的带柄圆球面工件。

2．铰链推杆车削法

较大的球面内孔可用此方法车削。有球面内孔的工件装夹在卡盘中，在两顶尖间装夹刀柄，圆弧刃车刀反装，车床主轴仍然正转，刀架上安装推杆，推杆两端用铰链连接。当刀架纵向进给时，圆头车刀在刀柄中转动，即可车出球面内孔，如图 6-7 所示。

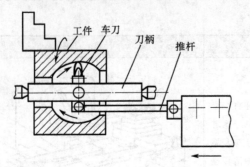

图 6-7　用铰链推杆车削成形面

3. 蜗杆副车削法

（1）用蜗杆副车成形面的车削原理

外圆球面、外圆弧面和内圆球面等成形面的车削原理如图 6-8 所示。车削成形面时，必须使车刀刀尖的运动轨迹为一个圆弧，车削的关键是保证刀尖做圆周运动，其运动轨迹的圆弧半径与成形面圆弧半径相等，同时使刀尖与工件的回转轴线等高。

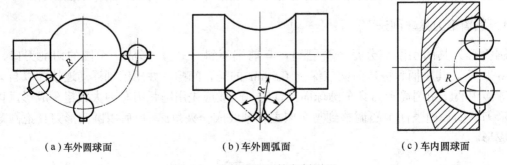

（a）车外圆球面　　　　　　　　（b）车外圆弧面　　　　　　　　（c）车内圆球面

图 6-8　内外成形面的车削原理

（2）用蜗杆副车内外成形面的结构原理

其结构原理如图 6-9 所示。车削时先把车床小滑板拆下，装上成形面工具。刀架装在圆盘上，圆盘下面装有蜗杆副。当转动手柄时，圆盘内的蜗杆就带动蜗轮使车刀绕着圆盘的中心旋转，刀尖做圆周运动，即可车出成形面。为了调整成形面半径，在圆盘上制出 T 形槽，以使刀架在圆盘上移动。当刀尖调整超过中心时，就可以车削内成形面。

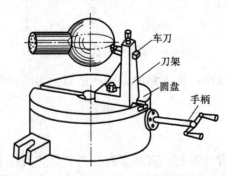

图 6-9　用蜗杆副车内外成形面的结构原理

操作提示

1）用双手控制法车削成形面时，为保证球面外形正确，在车削过程中应一边车削一边检测。

2）用双手控制法车削成形面时双手应同时进给，或者同时停止换手。

3）用双手控制法车削成形面时，为了使每次接刀过渡圆滑，应采用主切削刃为圆头的车刀，如图 6-10 所示。

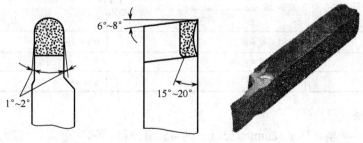

图 6-10　圆头车刀

4）用成形法车削成形面时，由于切削时刀刃与工件接触面较大，容易出现振动和工件位移，因而切削速度应取小些，且工件装夹必须牢靠。

5）用成形法车削成形面时，成形车刀的刃倾角 λ_s 应取 0°。

6）用仿形法车削成形面时，中滑板的丝杠应抽出，以实现自由进给。

五、操作实例

1. 加工图样

成形面工件加工图样如图 6-11 所示。

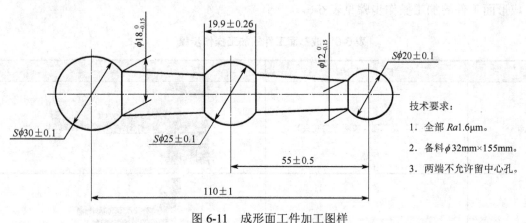

图 6-11　成形面工件加工图样

技术要求:

1. 全部 $Ra1.6\mu m$。

2. 备料 $\phi 32mm \times 155mm$。

3. 两端不允许留中心孔。

2. 加工操作

（1）图样分析

1）三球尺寸分别为 $S\phi 30\pm 0.1mm$、$S\phi 25\pm 0.1mm$、$S\phi 20\pm 0.1mm$。

2）柄部为圆锥体，最大圆锥直径为 $\phi 18_{-0.15}^{0}$ mm，最小圆锥直径为 $\phi 12_{-0.15}^{0}$ mm。

3）两端不准留中心孔。

4）所有加工面的表面粗糙度值为 $R_a1.6\mu m$。

（2）切削用量的选用

具体切削用量见表 6-5。

表 6-5　成形面加工时的切削用量

要　　素	加工性质	
	粗车	精车
背吃刀量 a_p（mm）	视加工要求而定	0.3～0.4
进给量 f（mm/r）	按速率要求选用	
转速 n（rpm）	400～600	600～800

（3）操作准备

准备好 CA6140 型车床 ϕ32mm×155mm 的 45 钢棒料、90°车刀、切断刀、圆弧刀、A_2 中心钻、游标卡尺、千分尺、样板，如图 6-12 所示。

图 6-12　操作准备

（4）操作步骤

成形面工件的加工操作步骤见表 6-6。

表 6-6　成形面工件的加工操作步骤

步　　骤	操作说明	图　　解
装夹工件	工件采用一夹一顶（或两顶尖装夹）	
安装车刀	将 90°车刀、切断刀和圆弧刀安装在刀架上，中心钻装夹在钻夹头上，钻夹头安装在尾座中	

（续表）

步　骤	操作说明	图　解
车端面	三爪卡盘直接夹住工件一端，伸出长25mm 左右，用 90°外圆车刀车端面（端面加工余量为 0.5～1mm）	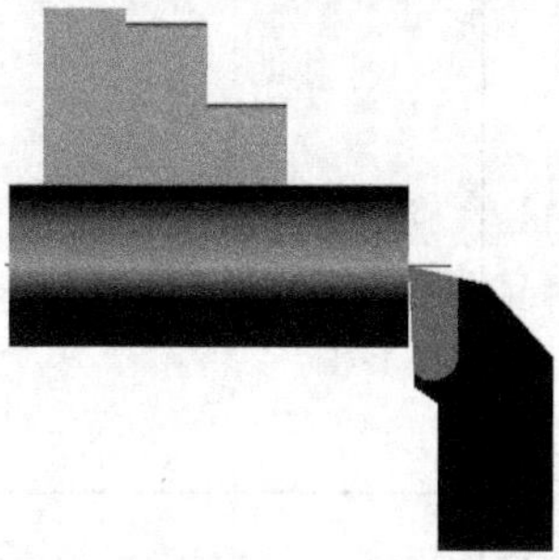
车小台阶外圆并钻中心孔	车ϕ8mm×5mm 的小台阶外圆，并用 A$_2$ 中心钻钻中心孔	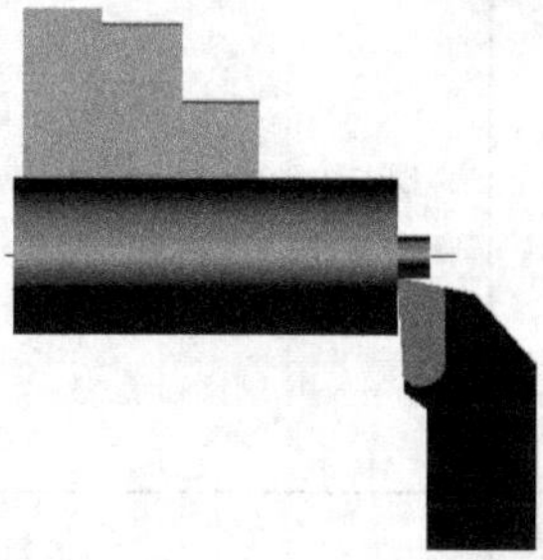
车外圆	一夹一顶装夹工件（注意三爪夹持长度不大于 10mm）；车 $S\phi$30mm 外圆，留余量 0.2～0.3mm，长大于（或等于）135mm；车 $S\phi$25mm 外圆，留余量 0.2～0.3mm，长 108mm；车 $S\phi$20mm 外圆，留余量 0.2～0.3mm，长 55.05mm	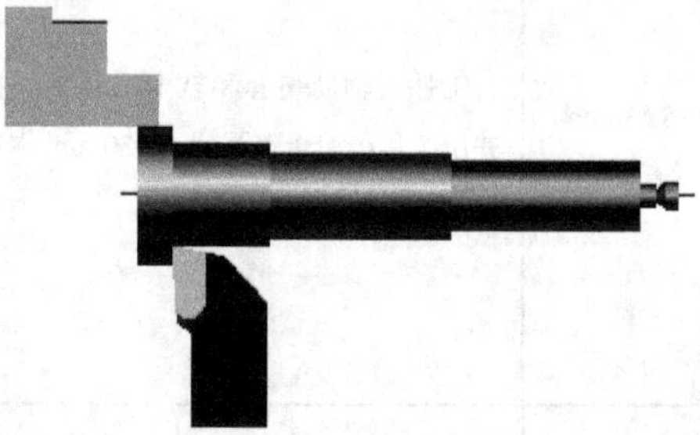
切槽	用切断刀按各圆球长度切槽	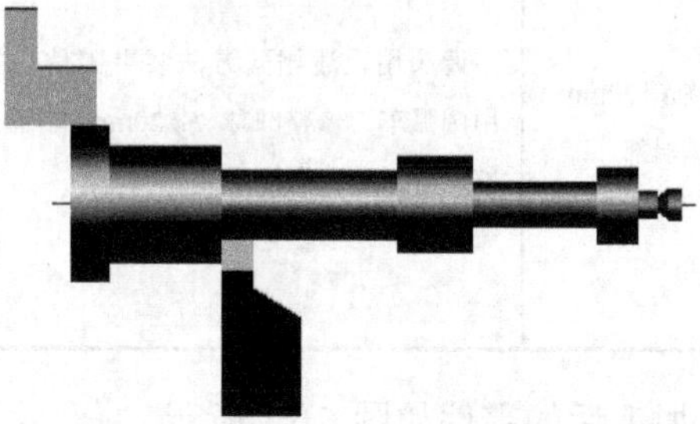
车柄部	转动小滑板，粗、精车柄部圆锥体直径至尺寸要求	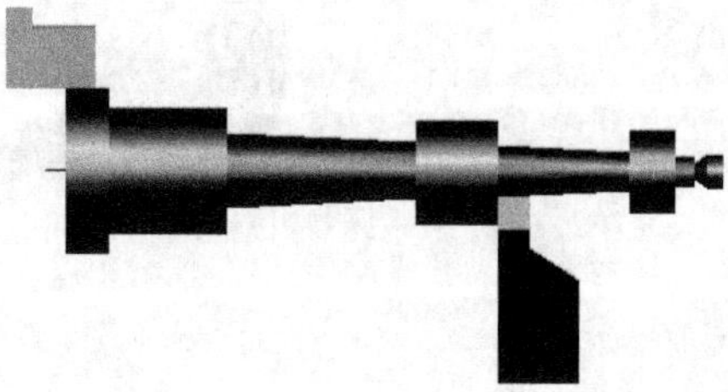

（续表）

步　骤	操　作　说　明	图　　解
车成形体	用双手控制法车各圆球，并修整接刀痕迹	
切断	切断工件	
修整 $S\phi 30\text{mm}$ 端部	工件用辅助夹套和软卡爪装夹、找正，并用圆弧车刀修整圆球 $S\phi 30\text{mm}$ 端部，修整，再用砂布抛光	
修整 $S\phi 20\text{mm}$ 端部	调头用上述相同方法装夹工件、找正，用圆弧车刀修整圆球 $S\phi 20\text{mm}$ 端部，并修整，再用砂布抛光	

加工后的零件如图 6-13 所示。

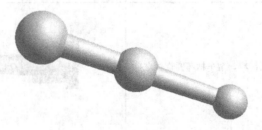

图 6-13　加工后的零件立体图

 **技能训练**

活动一技能训练内容见表 6-7。

表 6-7 活动一技能训练内容

课题名称	车成形面			课题开展时间	指导教师
学生姓名		分组组号			
操作项目	活动实施			技能评价	
				优良	及格	差
使用车床的型号						
完成右图所示工件的车削加工	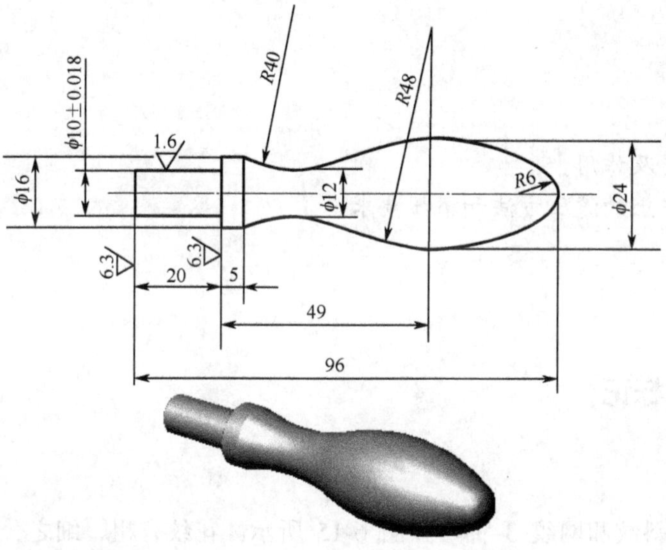 材料: 45 钢 备料: φ25mm×135mm 技术要求: 1. 其余 Ra1.6μm 2. 锐边倒棱					

工件图中标注：
$\phi10\pm0.018$　$\phi16$　$\phi12$　$\phi24$　R40　R48　R6
1.6　6.3　6.3
20　5　49　96

活动一学习体会与交流

活动二　滚花

　　有些零件的某些表面需要增加摩擦阻力，便于使用或使零件表面美观，常常在零件表面滚压出各种不同的花纹，如滚花螺钉和游标卡尺上微调装置的滚花螺母等，如图 6-14 所示。

（a）滚花螺钉　　　　　　　　　　　（b）游标卡尺上的滚花螺母

图 6-14　滚花零件

 任务目标

1. 了解滚花刀的种类及作用。
2. 掌握滚花刀在工件上的滚压方法和滚压要求。

 知识内容

一、滚花的种类与标记

1. 滚花的种类

　　滚花的花纹有直纹、斜纹和网纹 3 种，如图 6-15 所示。花纹有粗、细之分，并用模数 m 区分。模数越大，花纹越粗。花纹的形式如图 6-16 所示。

（a）直纹　　　　　　　（b）斜纹　　　　　　　（c）网纹

图 6-15　滚花花纹的种类

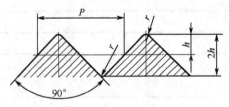

图 6-16　滚花花纹的形式

2．滚花的标记

滚花的标记见表 6-8。

表6-8　滚花的标记

标　记	含　义
模数 $m = 0.3$	直纹滚花：直纹 $m = 0.3$
模数 $m = 0.4$	网纹滚花：网纹 $m = 0.4$

二、滚花刀

车床上用于滚花的刀具称为滚花刀。

1．滚花刀的种类、结构与作用

滚花刀有单轮、双轮和六轮 3 种，其种类、结构与作用见表 6-9。

表6-9　滚花刀的种类、结构与作用

滚花刀的种类	滚花刀的结构		作　用
	图　解	说　明	
单轮		由直纹滚轮和刀柄组成	用来滚直纹
双轮		由两只旋向不同的滚轮、浮动连接头及刀柄组成	用来滚网纹
六轮		4 对不同模数的滚轮，通过浮动连接头与刀柄组成一体	可以根据需要滚出 3 种不同模数的网纹

2．滚花刀的规格

滚花刀的规格见表 6-10。

表 6-10 滚花刀的规格 （单位：mm）

模数 m	h	r	节距 $P=\pi m$
0.2	0.132	0.06	0.628
0.3	0.198	0.09	0.942
0.4	0.264	0.12	1.257
0.5	0.326	0.16	1.571

注：表中 $P=\pi m \approx 3.14m$ ， $h=0.785m-0.414r$ ，滚花后工件的直径大于滚花前的直径，其差值约为 $(0.8\sim1.6)m$ 。

三、滚花的方法

1．滚花前工件直径的确定

由于滚花过程是利用滚花刀的滚轮来滚压工件表面的金属层，使其产生一定的塑性变形而形成花纹的，随着花纹的形成，滚花后工件直径会增大。所以一般在滚花前，根据工件材料的性质和花纹模数的大小，应将工件滚花表面的直径车小 $(0.8\sim1.6)m$ ，m 为模数。

2．滚花刀的装夹

1）滚花刀装夹在车床方刀架上，滚花刀的装夹（滚轮）中心与工件回转中心等高，如图 6-17 所示。

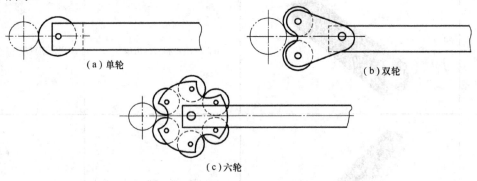

（a）单轮　　（b）双轮

（c）六轮

图 6-17　滚花刀中心等高装夹

2）滚压有色金属或滚花表面要求较高的工件时，滚花刀滚轮轴线与工件轴线平行，如图 6-18 所示。

3）滚压碳素钢或滚花表面要求一般的工件时，可使滚花刀刀柄尾部向左偏斜 3°～5°安装，以便于切入工件表面且不易产生乱纹，如图 6-19 所示。

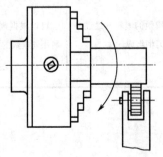

图 6-18　滚花刀平行装夹

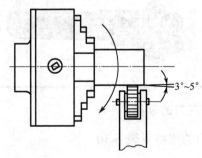

3°～5°

图 6-19　滚花刀倾斜装夹

3．滚花操作要点

1）在滚花刀接触工件开始滚压时，挤压力要大且猛一些，使工件圆周上一开始就形成较深的花纹，这样不易产生乱纹。

2）为了减小滚花开始时的径向压力，如图 6-20 所示，先使滚轮表面宽度的 1/3～1/2 与工件接触，使滚花刀容易切入工件表面。在停车检查花纹符合要求后，即可纵向机动进给。

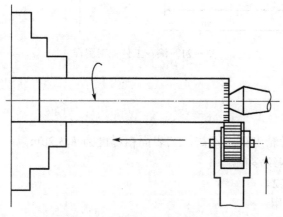

图 6-20　滚花横向进给位置

3）滚花时，应选低的切削速度，一般为 5～10m/min。纵向进给量可选择大些，一般为 0.3～0.6mm/r。

4）滚花时，应充分浇注切削液以润滑滚轮和防止滚轮发热损坏，并经常清除滚压产生的切屑。

5）滚花时径向力很大，所以工件必须装夹牢靠。由于滚花时工件移位现象难以完全避免，所以车削带有滚花表面的工件时，滚花应安排在粗车之后、精车之前进行。

 操作提示

1）滚直花纹时，滚花刀的齿纹必须与工件轴线平行，否则挤压的花纹不直。

2）细长工件滚花时，要防止顶弯工件；薄壁工件要防止变形。

3）在滚花的过程中，不能用手或棉纱去接触工件滚花面。

4）注意控制滚花时的切削用量，当压力过大，进给过慢时，压花表面往往会滚出台阶形和凹坑。

四、操作实例

1．加工图样

滚花工件加工图样如图 6-21 所示。

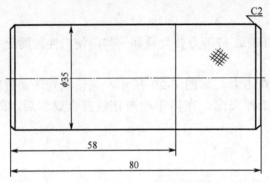

技术要求：

1. 全部 $Ra3.2\mu m$。

2. 未注公差尺寸按 GB/T 1804—2000。

3. 备料 ϕ37mm×82mm。

图 6-21　滚花工件加工图样

2．加工操作

（1）图样分析

1）工件各主要尺寸精度要求不高，其表面粗糙度为 $Ra3.2\mu m$。

2）工件滚花面为网纹滚花。

3）工件两端倒角 C2。

（2）切削用量的选用

具体切削用量见表 6-11。

表 6-11　滚花加工时的切削用量

要　素		加工性质	
		粗车	精车
背吃刀量 a_p（mm）	外圆车削	0.6～0.8	0.3～0.4
	滚花	按 h 分多次进给	0.05～0.1
进给量 f（mm/r）	外圆车削	0.2～0.3	0.12
	滚花	0.3～0.5	
转速 n（rpm）	外圆车削	400～600	750～800
	滚花	50 左右	30 左右

（3）操作准备

准备好 CA6140 型车床、ϕ37mm×81mm 的 45 钢棒料、90°车刀、45°车刀、游标卡尺、滚花刀等，如图 6-22 所示。

图 6-22　操作准备

（4）操作步骤

滚花工件的加工操作步骤见表6-12。

表6-12 滚花工件的加工操作步骤

步　骤	操　作　说　明	图　解
装夹工件	工件采用三爪自定心卡盘直接装夹，保证伸出长度大于60mm，找正夹紧	
安装车刀	将90°车刀、45°车刀和滚花刀安装在刀架上	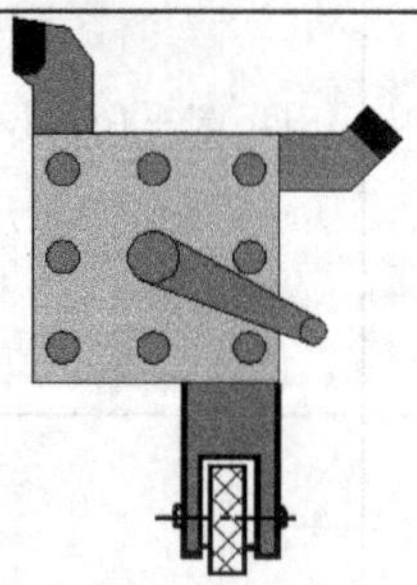
车端面	用90°车刀外圆车刀车左端面（车平即可）	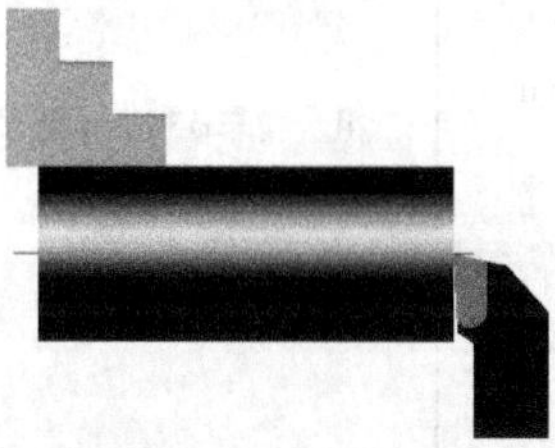
车ϕ35mm 外圆	粗、精车ϕ35mm至尺寸要求，长度大于58mm	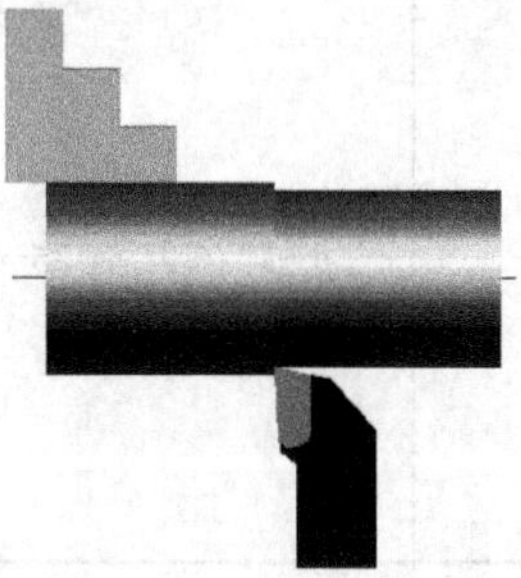
倒角	用45°车刀对ϕ35mm外圆倒角C2	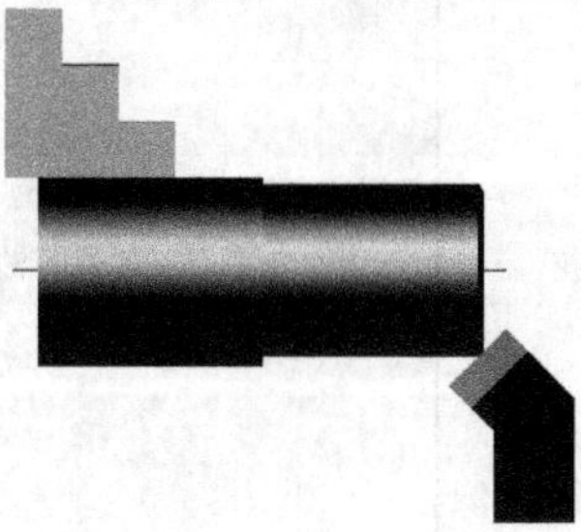

（续表）

步　骤	操　作　说　明	图　解
调头	工件调头夹φ35mm 外圆，伸出长度 35mm 左右，找正夹紧（工件找正时要找正已加工表面）	
控总长	粗、精车右端面，保证总长 80mm 至尺寸要求	
车φ35mm 外圆	粗、精车φ35mm 至尺寸要求，长度大于 28mm	
倒角	用 45° 车刀对φ35mm 外圆倒角 C2	
滚花	用滚花刀对工件进行滚花	

零件加工后如图 6-23 所示。

图 6-23　加工后的零件立体图

 **技能训练**

活动二技能训练内容见表 6-13。

表 6-13　活动二技能训练内容

课题名称	滚花		课题开展时间		指导教师
学生姓名		分组组号			
操作项目	活动实施		技能评价		
			优良	及格	差
使用车床的型号					
完成右图所示工件的车削加工	材料：45 钢 备料：ϕ42mm×72mm 技术要求： 1. 全部 Ra3.2μm 2. 全部倒角 C1 3. 滚网纹 m=0.3				

活动二 学习体会与交流

_____

_____

_____

_____

_____

_____

项目七　车三角形螺纹

任务目标

1. 了解螺旋线和螺纹的形成。
2. 熟悉螺纹的种类与标记。
3. 掌握常用螺纹的基本要素。

知识内容

螺纹在各种机器中应用非常广泛，如在车床方刀架上有多个螺钉用于实现对车刀的装夹，在车床丝杠与开合螺母之间利用螺纹传递动力，如图 7-1 所示。

（a）方刀架　　　　　　　　　　　　　　　　（b）车床丝杠

图 7-1　带螺纹的车床部件

一、螺纹与螺旋线

1. 螺旋线

螺旋线是沿着圆柱（或圆锥）表面运动的点的轨迹，该点的轴向位移和相应的角位移成正比。它可看成是底边等于圆柱周长 πd_2 的直角三角形 ABC 绕圆柱旋转一周，斜边 AC 在该表面上所形成的曲线，如图 7-2 所示。

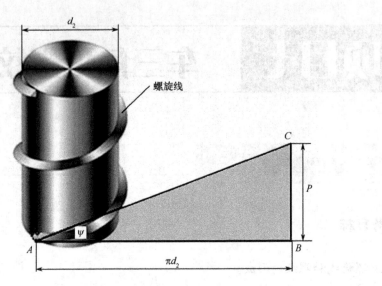

图 7-2　螺旋线的形成原理

2．螺纹

在圆柱（或圆锥）表面上，沿着螺旋线所形成的具有规定牙型的连续的凸起和沟槽，叫螺纹，如图 7-3 所示。

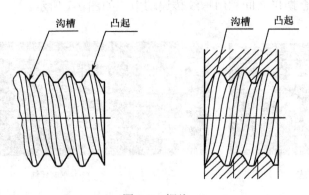

图 7-3　螺纹

二、螺纹的种类

螺纹应用广泛且种类繁多，可从用途、牙型、螺旋线方向、线数等方面进行分类。

1．按牙型分类

螺纹按牙型分类的基本情况见表 7-1。

表 7-1 螺纹按牙型分类

分类	图 解		特点说明	应 用
	牙 型	结 构		
三角形	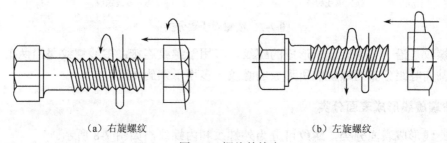		牙型为三角形，牙型角60°；粗牙螺纹应用最广	用于各种紧固、连接、调节等
矩形			牙型为矩形，牙型角0°；其传动效率高，但牙根强度低，精加工困难	用于螺旋传动
锯齿形			牙型为锯齿形，牙型角33°；牙根强度高	用于单向螺旋传动（多用于起重机械或压力机械）
梯形			牙型为梯形，牙型角30°；牙根强度高，易加工	广泛用于机床设备的螺旋传动

2．按螺旋线方向分类

螺纹按旋向分类可分为左旋和右旋。顺时针旋入的螺纹为右旋螺纹，逆时针旋入的螺纹为左旋螺纹，如图 7-4 所示。

（a）右旋螺纹　　　　　　　　　　　　（b）左旋螺纹

图 7-4 螺纹的旋向

右旋螺纹和左旋螺纹的螺旋线方向，可用如图 7-5 所示的方法来判断，即把螺纹铅垂放置，右侧高的为右旋螺纹，左侧高的为左旋螺纹。也可以用右手法则来判断，即伸出右手，掌心对着自己，四指并拢与螺纹轴线平行，并指向旋入方向，若螺纹的旋向与拇指的指向一致，则为右旋螺纹，反之则为左旋螺纹，如图 7-6 所示。一般常用右旋螺纹。

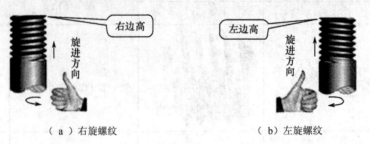

（a）右旋螺纹　　　　　　　　（b）左旋螺纹

图 7-5　螺纹旋向的判断

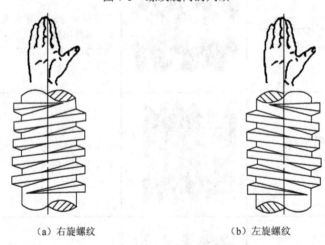

（a）右旋螺纹　　　　　　　　（b）左旋螺纹

图 7-6　用右手法则判断螺纹的旋向

3. 按螺旋线数分类

螺纹按螺旋线数分类可分为单线和多线，如图 7-7 所示。

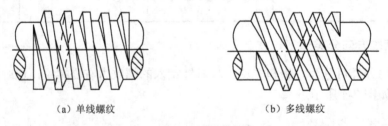

（a）单线螺纹　　　　　　　　（b）多线螺纹

图 7-7　按螺旋线数分类

单线螺纹是沿一条螺旋线所形成的螺纹，多用于螺纹连接；多线螺纹是沿两条（或两条以上）在轴向等距分布的螺旋线所形成的螺纹，多用于螺旋传动。

4. 按螺旋线形成表面分类

按螺旋线形成表面分类，螺纹可分为外螺纹和内螺纹，如图 7-8 所示。

5. 按螺纹母体形状分类

螺纹按螺纹母体形状可分为圆柱螺纹和圆锥螺纹，如图 7-9 所示。

（a）外螺纹 （b）内螺纹

图 7-8　按螺旋线形成表面分类

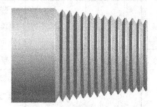

（a）圆柱螺纹 （b）圆锥螺纹

图 7-9　按螺纹母体形状分类

三、螺纹的基本要素

尽管螺纹有多种牙型，但它们均由一些基本要素构成，如图 7-10 所示（以三角形螺纹为例）。其基本要素释义见表 7-2。

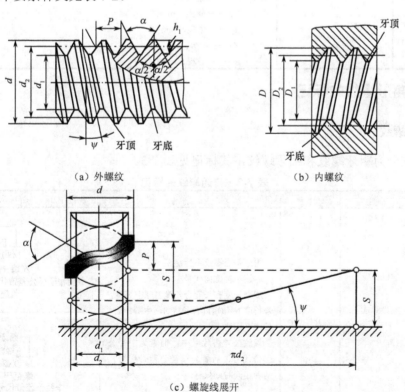

（a）外螺纹 （b）内螺纹

（c）螺旋线展开

图 7-10　螺纹的基本要素

表 7-2　螺纹基本要素释义

名　称	代　号		含　义
	外螺纹	内螺纹	
牙型角	α		在螺纹牙型上，相邻两牙侧间的夹角（三角形螺纹牙型角 $\alpha=60°$）
牙型高度	h_1		在螺纹牙型上，牙顶到牙底在垂直于螺纹轴线方向上的距离
螺纹大径	d	D	与外螺纹牙顶或内螺纹牙底相切的假想圆柱或圆锥的直径。外螺纹和内螺纹的大径分别用 d 和 D 表示（螺纹公称直径是代表螺纹尺寸的直径，一般是指螺纹大径的基本尺寸）
螺纹小径	d_1	D_1	与外螺纹牙底或内螺纹牙顶相切的假想圆柱或圆锥的直径。外螺纹和内螺纹的小径分别用 d_1 和 D_1 表示
螺纹中径	d_2	D_2	螺纹中径是指一个假想圆柱或圆锥的直径，该圆柱或圆锥的素线通过牙型上沟槽和凸起宽度相等的地方。同规格的外螺纹中径 d_2 和内螺纹中径 D_2 的公称尺寸相等
螺距	P		螺距是指相邻两牙在中径线上对应两点间的轴向距离
导程	S		导程是指同一条螺旋线上相邻两牙在中径线上对应两点间的轴向距离。导程可按下式计算： $$S= ZP$$ 式中　S —— 导程，mm； 　　　Z —— 线数； 　　　P —— 螺距，mm
螺纹升角	ψ		在中径圆柱或中径圆锥上，螺旋线的切线与垂直于螺纹轴线的平面的夹角称为螺纹升角。螺纹升角可按下式计算： $$\tan \psi= S / \pi d_2 = Z P/\pi d_2$$ 式中　ψ —— 螺纹升角，°； 　　　P —— 螺距，mm； 　　　d_2 —— 中径，mm； 　　　Z —— 线数； 　　　S —— 导程，mm

四、三角形螺纹的标记

1. 普通螺纹

普通螺纹分为粗牙螺纹和细牙螺纹，其标记见表 7-3。

表 7-3　普通螺纹的标记

普通螺纹	特征代号	牙型角	标注方法	标注示例
粗牙	M	60°	粗牙普通螺纹不标螺距 右旋不标旋向代号 旋合长度有长旋合长度 L、中等旋合长度 N 和短旋合长度 S，中等旋合长度不标注 螺纹公差带代号中，前者为中径公差带代号，后者为顶径公差带代号，两者相同时则只标一个	┌─粗牙普通螺纹 ┌─公称直径 M30LH—6g—L 左旋 中径和顶径公差带代号 长旋合长度
细牙				┌─细牙普通螺纹 ┌─公称直径 M30X2—6H7H 螺距 中径公差带代号 顶径公差带代号

2. 小螺纹

小螺纹是指公称直径范围为 0.3～1.4mm 的一般用途的小螺纹,其螺距范围为 0.08～0.3mm。小螺纹标记示例如下:

```
S0.3LH
 │ │ └── 左旋
 │ └──── 公称直径
 └────── 小螺纹特征代号
```

3. 管螺纹

管螺纹是在管子上加工的特殊的细牙螺纹,如图 7-11 所示,其使用范围仅次于普通螺纹,管螺纹的牙型有 55°和 60°两种。

图 7-11 管螺纹

常见的管螺纹有 55°非密封管螺纹、55°密封管螺纹、60°密封管螺纹、米制锥螺纹 4 种,其中 55°非密封管螺纹用得较多。管螺纹的标记与应用见表 7-4。

表 7-4 管螺纹的标记与应用

种类		特征代号	牙型角	标记示例	用途
55°非密封管螺纹		G		55°非密封管螺纹 G1A 尺寸代号 ┘ ┘ 外螺纹公差带等级代号	适用于管接头、旋塞、阀门及其附件
55°密封管螺纹	圆锥内螺纹	R$_c$	55°	55°密封圆锥内管螺纹 R$_c$ 1½—LH 尺寸代号 ┘ └左旋	适用于管子管接头、旋塞、阀门及附件
	圆柱内螺纹	R$_p$			
	与圆柱内螺纹配合的圆锥外螺纹	R$_1$			
	与圆锥内螺纹配合的圆锥外螺纹	R$_2$			
60°密封管螺纹	圆锥管螺纹(内外)	NPT	60°	60°密封圆锥管螺纹 NPT3/4—LH 尺寸代号 ┘ └左旋	适用于机床上的油管、水管、气管的连接
	与圆锥外螺纹配合的圆柱内螺纹	NPSC		与圆锥外螺纹配合的 60°密封管螺纹 NPSC3/4 尺寸代号 ┘	
米制锥螺纹(管螺纹)		ZM		米制锥螺纹 ZM20—S 基面上螺纹公称直径 ┘ └短基距	适用于气体或液体管路系统依靠螺纹密封的连接(水、煤气管道用螺纹除外)

技能训练

活动一技能训练内容见表7-5。

表7-5　活动一技能训练内容

课题名称	认识螺纹			课题开展时间		指导教师
学生姓名		分组组号				
操作项目	活动实施			技能评价		
				优良	及格	差
在图中相应位置标出螺纹的基本要素						
根据图示判断螺纹的旋向						
螺纹标记释义	M16-5g6g M24×2-LH-6H						

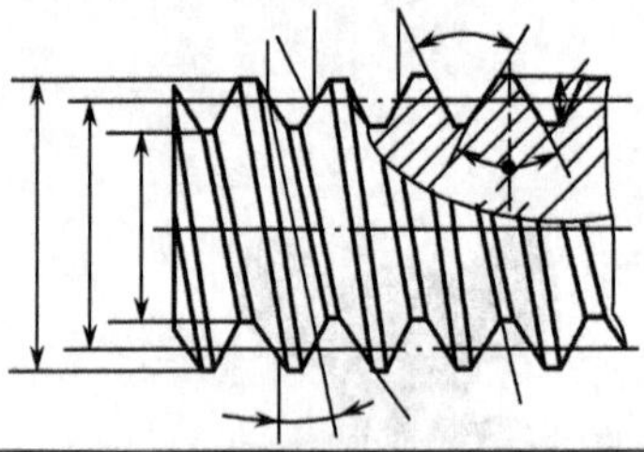

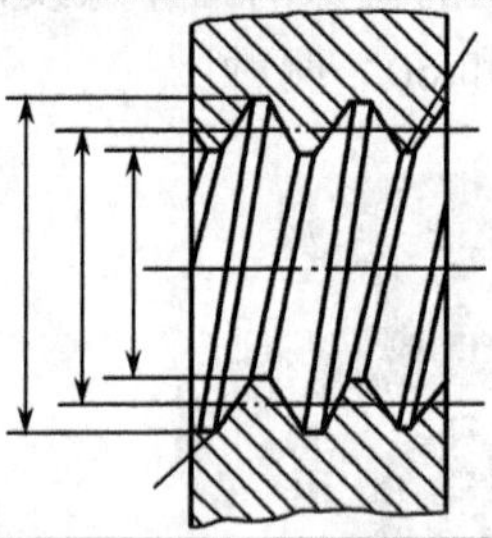

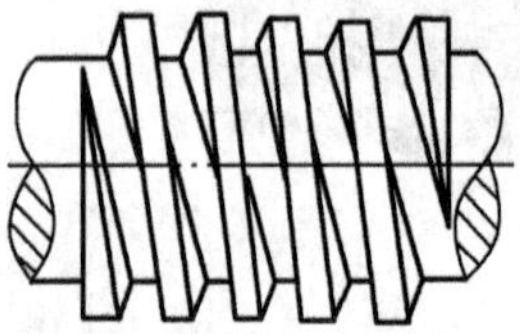

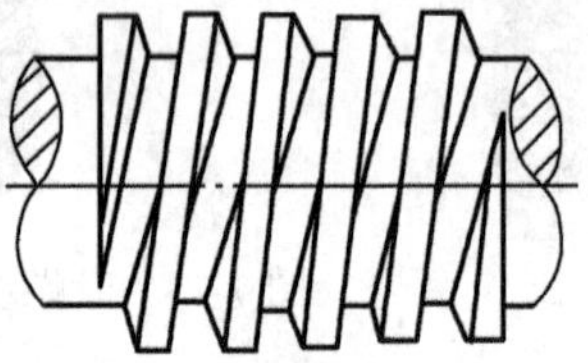

活动一学习体会与交流

_____

_____

_____

_____

_____

_____

活动二　内、外三角形螺纹车刀的刃磨

　　车削三角形螺纹是车工的基本技能之一。要车好螺纹，必须正确刃磨螺纹车刀，螺纹车刀按加工性质属于成形刀具。其切削部分和形状应当与螺纹牙型的轴向剖面形状相符合，即

车刀的刀尖角应等于螺纹的牙型角。

任务目标

1. 了解三角形螺纹车刀的几何形状和角度要求。
2. 掌握三角形螺纹车刀的刃磨方法和要求。
3. 掌握用样板检查、修正刀尖角的方法。

知识内容

一、螺纹车刀切削部分材料的选用

一般情况下，螺纹车刀切削部分的材料有高速钢和硬质合金两种，在选用时应注意以下问题。

1）低速车削螺纹和蜗杆时，用高速钢车刀；高速车削时，用硬质合金车刀。

2）如果工件材料是有色金属、铸钢或橡胶，可选用高速钢或 K 类硬质合金（如 K30）；若工件材料是钢料，则选用 P 类（如 P10）或 M 类（如 M10）硬质合金。

二、三角形螺纹车刀的几何形状

1. 高速钢三角形外螺纹车刀

高速钢三角形外螺纹车刀如图 7-12 所示，为了车削顺利，粗车刀应选用较大的背前角（$\gamma_p=15°$）。它的径向后角取 6°～8°，两侧后角进刀方向为（3°～5°）$+\psi$，背进刀方向为（3°～5°）$-\psi$。刀尖处还应适当倒圆。为了获得较正确的牙型，精车刀应选用较小的背前角（γ_p 取 6°～10°），其刀尖角应等于牙型角。

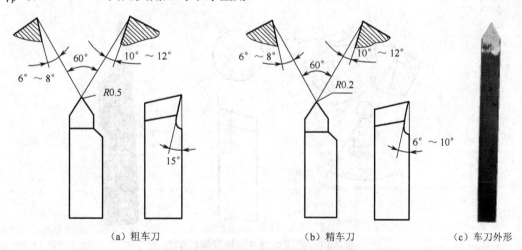

（a）粗车刀　　　　　　　　（b）精车刀　　　　　　　（c）车刀外形

图 7-12　高速钢三角形外螺纹车刀

2. 高速钢三角形内螺纹车刀

高速钢三角形内螺纹车刀如图 7-13 所示。内螺纹车刀除了其刀刃几何形状应具有外螺纹车刀的几何形状特点外，还应具有内孔车刀的特点。由于内螺纹车刀的大小受内螺纹孔径的限制，所以内螺纹车刀刀体的径向尺寸应比螺纹孔径小 3～5mm。

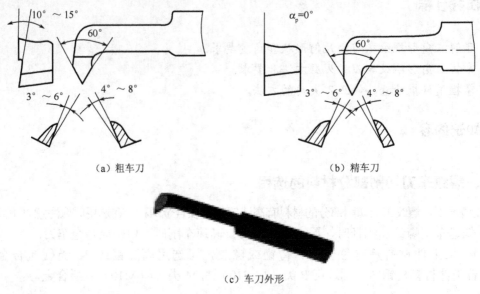

（a）粗车刀　　　　　　　　（b）精车刀

（c）车刀外形

图 7-13　高速钢三角形内螺纹车刀

3. 硬质合金三角形外螺纹车刀

硬质合金三角形外螺纹车刀如图 7-14 所示。硬质合金螺纹车刀的径向前角应为 0°，后角取 4°～6°，在车削较大螺距（$P > 2$mm）以及材料硬度较高的螺纹时，在车刀两侧切削刃上磨出宽度为 0.2～0.4mm、$\gamma_{01} = -5°$ 的倒棱。因为在调整切削下牙型角会扩大，所以其刀尖角要适当减少 30′，且刀尖处还应适当倒圆。

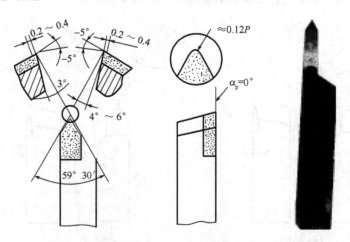

图 7-14　硬质合金三角形外螺纹车刀

4. 硬质合金三角形内螺纹车刀

硬质合金三角形内螺纹车刀如图 7-15 所示。其基本结构特点与高速钢内螺纹车刀相同。

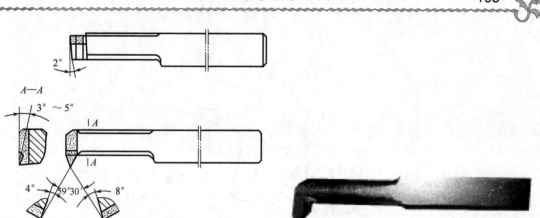

图 7-15　硬质合金三角形内螺纹车刀

三、螺纹升角 ψ 对螺纹车刀工作角度的影响

车螺纹时，由于螺纹升角的影响，切削平面和基面位置会发生变化，从而使车刀工作时的前角和后角与车刀的刃磨前角和刃磨后角的数值不相同。螺纹的导程越大，对工作时的前角和后角的影响越明显。因此，必须考虑螺纹升角对螺纹车刀工作角度的影响。

1．螺纹升角 ψ 对螺纹车刀工作前角的影响

如图 7-16 所示，车削右旋螺纹时，如果车刀左右侧切削刃的刃磨前角均为 0°，即 $\gamma_{oL}=\gamma_{oR}=0°$，螺纹车刀水平装夹时，左切削刃在工作时是正前角（$\gamma_{oeL}>0°$），切削比较顺利；而右切削刃在工作时是负前角（$\gamma_{oeR}<0°$），切削不顺利，排屑也困难。

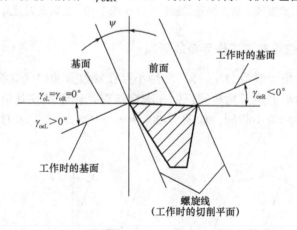

图 7-16　水平装刀

为了改善上述状况，可采用以下措施。

1）将车刀左右两侧切削刃组成的平面垂直于螺旋线装夹（法向装刀），这时两侧刀刃的工作前角都为 0°，即 $\gamma_{oeL}=\gamma_{oeR}=0°$，如图 7-17 所示。

2）车刀仍然水平装夹，但在前面上沿左右两侧的切削刃上磨有较大前角的卷屑槽，如图 7-18 所示。这样可使切削顺利，并利于排屑。

3）法向装刀时，在前面上也可磨出有较大前角的卷屑槽，如图 7-19 所示，这样切削更顺利。

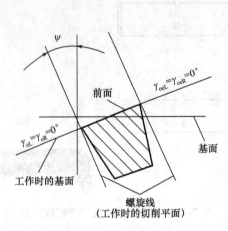

图 7-17　法向装刀

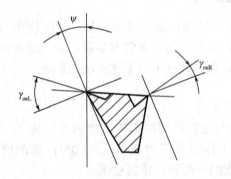

图 7-18　水平装刀且磨有较大前角的卷屑槽

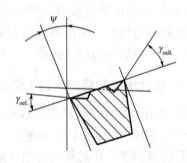

图 7-19　法向装刀且磨有较大前角的卷屑槽

2. 螺纹升角 ψ 对螺纹车刀工作后角的影响

螺纹车刀的工作后角一般为 $3°\sim5°$。当不存在螺纹升角时（如横向进给车槽），车刀左右切削刃的工作后角与刃磨后角相同。但在车螺纹时，由于螺纹升角的影响，车刀左右切削刃的工作后角与刃磨后角不相同，如图 7-20 所示。因此，螺纹车刀左右切削刃刃磨后角的确定见表 7-6。

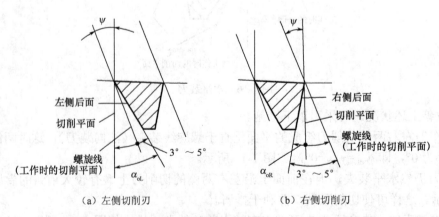

（a）左侧切削刃　　　　　　　　（b）右侧切削刃

图 7-20　车右旋螺纹时螺纹升角对螺纹车刀工作后角的影响

表7-6 螺纹车刀左右切削刃刃磨后角的计算公式

螺纹车刀的刃磨后角	左侧切削刃的刃磨后角 α_{oL}	右侧切削刃的刃磨后角 α_{oR}
车右旋螺纹	$\alpha_{oL}=（3°～5°）+\psi$	$\alpha_{oR}=（3°～5°）-\psi$
车左旋螺纹	$\alpha_{oL}=（3°～5°）-\psi$	$\alpha_{oR}=（3°～5°）+\psi$

四、螺纹车刀的背前角 γ_p 对螺纹牙型角 α 的影响

螺纹车刀的背前角 γ_p 对螺纹加工和螺纹牙型的影响见表7-7。

表7-7 螺纹车刀的背前角 γ_p 对螺纹加工和螺纹牙型的影响

背前角 γ_p	螺纹车刀两刃夹角 ε_r' 和螺纹牙型角 α 的关系	车出的螺纹牙型角 α 和螺纹车刀的两刃夹角 ε_r 的关系	螺纹牙侧	应用
0°	$\varepsilon_r=60°$ α_{oL} $\varepsilon_r=\alpha=60°$	$\alpha=60°$ $\alpha=\varepsilon_r=60°$	直线	适用于车削精度要求较高的螺纹。同时可增大螺纹车刀两侧切削刃的后角，来提高切削刃的锋利程度，减小螺纹牙型两侧表面粗糙度值
>0°	$\gamma_p>0°$ $\varepsilon_r=60°$ α_{oL} $\varepsilon_r=\alpha=60°$	$60°$ α $\alpha>\varepsilon_r$，即 $\alpha>60°$，前角 γ_p 越大，牙型角的误差也越大	曲线	不允许，必须对车刀两切削刃夹角 ε_r 进行修正
5°～15°	$\gamma_p=5°～15°$ $\varepsilon_r=59°\pm30'$ α_{oL} ε_r 取 $58°30'～59°30'$	$\alpha=60°$ $\alpha=\varepsilon_r=60°$	曲线	车削精度要求不高的螺纹或粗车螺纹

从表中可看出，螺纹车刀两刃夹角 ε_r 的大小，取决于螺纹的牙型角 α。因此，精车刀的背前角应取得较小（$\gamma_p=0°～5°$），才能达到理想的效果。

五、三角形螺纹车刀的刃磨

1. 刃磨要求

1）刀尖角应等于牙型角。

2）螺纹车刀的两个切削刃必须刃磨平直，且不能出现崩刃。

3）螺纹车刀切削部分不能歪斜，刀尖半角应对称。

4）螺纹车刀的前面与两个主后刀面的表面粗糙度值要小。

5）内螺纹车刀的后角应适当增大，通常磨成双重后角。

6）刃磨时，人的站立姿势要正确。在刃磨整体式内螺纹车刀内侧时，注意不能将刀尖

磨歪。

7）刃磨刀刃时，要稍带左右、上下移动，这样容易使刀刃平直。

2. 三角形螺纹车刀的刃磨

（1）外三角形螺纹车刀的刃磨（见表7-8）。

表7-8　外三角形螺纹车刀的刃磨

方　法	操　作　说　明	图　解
粗磨左侧后刀面	双手握刀，使刀柄与砂轮外圆水平方向形成30°夹角，垂直方向倾斜约8°～10°。车刀与砂轮接触后稍加压力，并均匀缓慢移动磨出后刀面，即磨出牙型半角及左侧后角	
粗磨右侧后刀面	再磨背向进给方向侧刃，控制刀尖角 ε_r 及后角 α_{oL}。方法同上	
粗、精磨前刀面	将车刀前面与砂轮水平面方向做倾斜约10°～15°，同时垂直方向微量倾斜，使左侧切削刃略低于右侧切削刃。前面与砂轮接触后稍加压力刃磨，逐渐磨至近刀尖处，即磨出背前角	

（续表）

方　法	操作说明	图　解
	两手握刀，按粗磨左后刀面的方法精修左后刀面	
精磨两侧后角	两手握刀，按粗磨右后刀面的方法精修右后刀面	
	刀尖角用螺纹样板检查修正	

（续表）

方　法	操作说明	图　解
修磨刀尖	车刀刀尖对准砂轮外圆，后角保持不变，刀尖移向砂轮。当刀尖处碰到砂轮时，做圆弧摆动，按要求磨出刀尖圆弧（刀尖倒棱或磨成圆弧，宽度约为 0.1P）	
研磨	用油石研磨，注意保持刃口锋利	

 操作提示

1）刃磨车削窄槽或高台阶的螺纹车刀时，应将螺纹车刀进给方向一侧的刀刃磨短些，否则车削时不利于退刀，易擦伤轴肩，如图 7-21 所示。

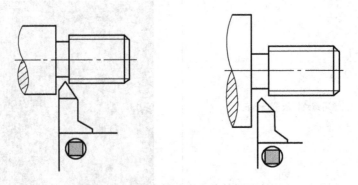

图 7-21　车削窄槽或高台阶的螺纹车刀

2）刃磨有径向前角的螺纹车刀时，应使刀尖角略大于牙型角，如图 7-22 所示，待磨好前角后再修磨两刃夹角。

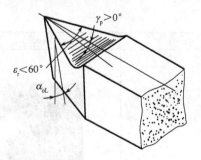

图 7-22　有径向前角的螺纹车刀

3）刃磨刀刃时，要稍带左右移动，这样能使刀刃平直。

（2）内三角形螺纹车刀的刃磨（见表 7-9）。

表 7-9　内三角形螺纹车刀的刃磨

方　法	操 作 说 明	图　解
刃磨伸出刀杆部分	根据螺纹长度和牙型深度，刃磨出留有刀头的伸出刀杆部分	
粗磨进给方向后刀面	刀杆与砂轮圆周夹角约 $\varepsilon_r/2$，刀面向外倾斜，控制刀尖半角及进给方向后角	
粗磨背向进给方向后刀面	刀杆与砂轮圆周夹角约 $\varepsilon_r/2$，刀面向外倾斜，初步控制刀尖角及背向进给方向后角	

（续表）

方　　法	操　作　说　明	图　　解
刃磨前刀面	左手握住刀头，右手握住刀柄，粗、精磨前刀面	
精磨两侧后刀面	精磨两侧后刀面，刀尖角用样板检测	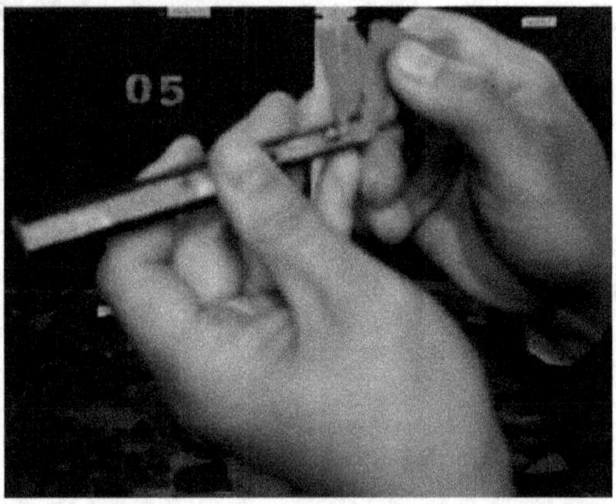
修磨刀尖	车刀刀尖对准砂轮外圆，修磨刀尖（刀尖倒棱或磨成圆弧，宽度约为 $0.1P$）	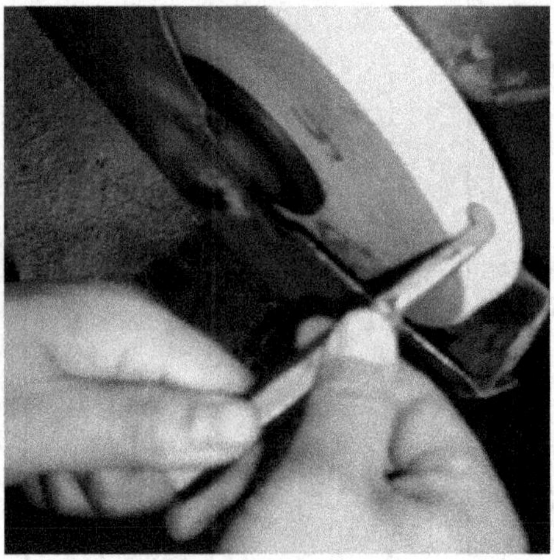

（续表）

方　法	操作说明	图　解
刃磨径向后角	为防止与螺纹顶径相碰，刀头下部磨出圆弧，以形成两个后角	

操作提示

刃磨内螺纹车刀时，刀尖角平分线应垂直于刀柄，如图 7-23 所示，否则，在车削内螺纹时刀柄部分会碰伤内螺纹小径。

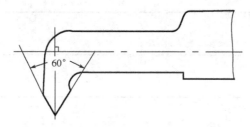

图 7-23　内螺纹车刀的刃磨要求

技能训练

活动二技能训练内容见表 7-10。

表 7-10　活动二技能训练内容

课题名称	内、外三角形螺纹车刀的刃磨		课题开展时间	指导教师
学生姓名		分组组号		
操作项目	活动实施		技能评价	
			优良	及格	差
在图中相应位置标出三角形螺纹车刀几何结构参数					

（续表）

操作项目	活动实施	技能评价		
		优良	及格	差
刃磨训练（看图训练）	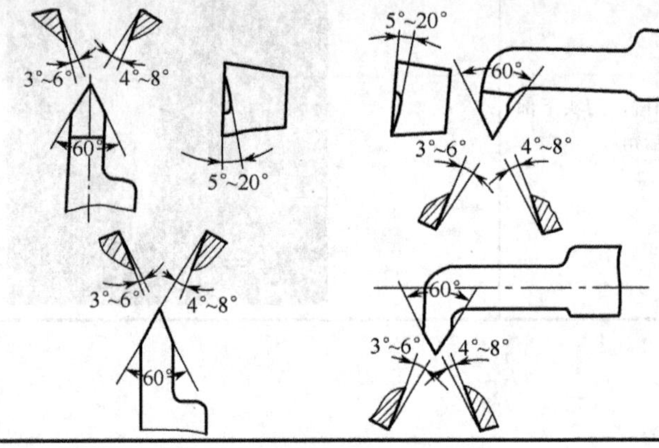			

活动二 学习体会与交流

_____

_____

_____

_____

_____

活动三　车削三角形外螺纹

 任务目标

1. 能根据工件螺距，查找车床进给箱铭牌及高速手柄和挂轮。
2. 能根据螺纹样板正确装夹车刀。
3. 掌握车削三角形螺纹的基本动作和方法。
4. 掌握用直进法车削三角形螺纹的方法，要求收尾长不超过2/3圈。
5. 初步掌握中途对刀的方法。
6. 熟记第一系列 M5～M27 三角形螺纹的螺距。
7. 掌握用螺纹环规检查三角形螺纹的方法。

 知识内容

一、车床的调整

1. 中滑板的调整

（1）丝杠间隙的调整

CA6140 型车床中滑板丝杠经过长时间使用后，由于磨损从而造成丝杠与螺母的间隙，使得手柄与高度盘正、反转时空行程量加大，同时也会使中滑板在螺纹车削时前后往复窜动，因而在螺纹车削前应进行适当的调整。

调整时，先松开前螺母上的内六角螺钉，如图 7-24 所示，然后一边正、反转摇动中滑板手柄，一边缓慢交替拧紧中间内六角螺钉和前螺母上的内六角螺钉，直到手柄正、反转空行程量约处于 20°范围内时，将前后内六角螺钉拧紧，中间内六角螺钉手感拧紧即可。

（2）刻度盘松紧的调整

中滑板刻度盘松紧不适当时，刻度盘不能跟随圆盘一起同步转动，造成未进刀的假象，因而极易发生事故。

如图 7-25 所示，调整时，先将锁紧螺母和调节螺母松开，抽出圆盘和圆盘中的弹簧片，如果刻度盘与圆盘连接太松，则适当增加弹簧的弯曲程度；如果太紧，则减小弯曲程度，使其弹力减小一些，然后再安装，并拧紧调节螺母，待刻度盘在圆盘上转动的松紧程度适宜时，再将锁紧螺母锁紧。

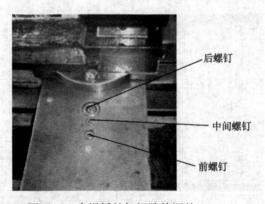

图 7-24　中滑板丝杠间隙的调整

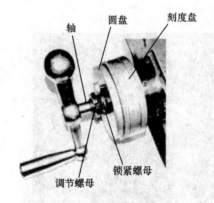

图 7-25　中滑板刻度盘的调整

2. 车床长丝杠轴向间隙的调整

车床长丝杠轴向间隙是导致长丝杠轴向窜动的主要原因，如果不加以适当的调整，车螺母时就会产生"窜刀"、"啃刀"、"扎刀"等不良现象，从而影响螺纹的加工精度。

如图 7-26 所示，调整时，可适当拧紧圆螺母，测量丝杠轴向窜动值应在 0.01mm 范围内，然后再将两个圆螺母拧紧。

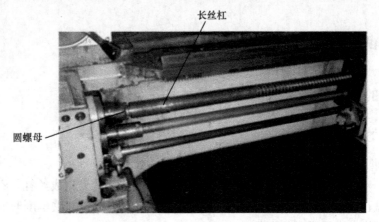

图 7-26　车床长丝杠轴向间隙的调整

3. 进给箱手柄与挂轮的调整

进给箱手柄与挂轮的调整一般只要按车床进给箱铭牌上标注的数据变换箱外手柄的位置，并配合挂轮箱内的挂轮就可以得到所需要的螺距（或导程）。例如，要车削螺距 $P=2$mm 的螺纹，其调整步骤如下。

1）在主轴箱外，将螺纹旋向变换手柄放在"右旋螺纹"位置，如图 7-27 所示。

2）根据加工需要查找铭牌。螺纹车削加工时铭牌的查找区域如图 7-28 所示。

图 7-27　调整螺纹旋向变换手柄

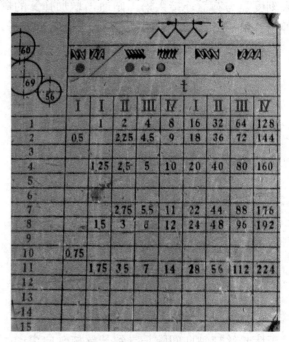

	I	I	II	III	IV	I	II	III	IV
1		1	2	4	8	16	32	64	128
2	0.5		2.25	4.5	9	18	36	72	144
3									
4		1.25	2.5	5	10	20	40	80	160
5									
6									
7			2.75	5.5	11	22	44	88	176
8		1.5	3	6	12	24	48	96	192
9									
10	0.75								
11		1.75	3.5	7	14	28	56	112	224
12									
13									
14									
15									

图 7-28　螺纹车削时铭牌的查找区域

3）根据铭牌指示调换挂轮。

4）查找螺距，找出手柄所需调整的位置。从图 7-28 中可看出，螺距 P 为 2mm 时，螺纹种类手柄为"t"，进给基本组操作手柄处于"1"，进给倍增组操作手柄处于"Ⅱ"。

5）根据位置将各手柄调整到位，如图 7-29 所示。

　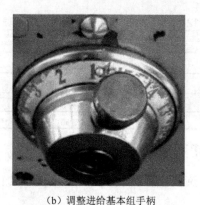　

（a）调整螺纹种类手柄　　　　　（b）调整进给基本组手柄　　　　　（c）调整进给倍增组手柄

图 7-29　调整进给箱各手柄

二、外螺纹基本尺寸的计算

1. 尺寸的计算

普通三角形螺纹的牙型如图 7-30 所示，尺寸计算参见表 7-11。

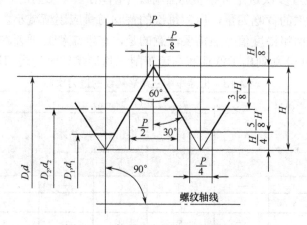

图 7-30　普通三角形螺纹的牙型

表 7-11　普通三角形螺纹的尺寸计算　　　　　　（单位：mm）

基本参数	代号		计算公式
	外螺纹	内螺纹	
牙型角	α		$\alpha=60°$
螺纹大径（公称直径）	d	D	$d=D$
螺纹中径	d_2	D_2	$d_2=D_2=d-0.6495P$
牙型高度	h_1		$h_1=0.5413P$
原始三角形高度	H		$H=0.866P$
螺纹小径	d_1	D_1	$d_1=D_1=d-1.0825P$

2. 粗牙螺距

粗牙螺纹的螺距是不直接标注的，其中 M5～M27 是经常使用的螺纹，表 7-12 列出了 M5～M27 普通螺纹的粗牙螺距。

表 7-12　M5～M27普通螺纹的粗牙螺距表

螺纹代号	螺距 P	螺纹代号	螺距 P	螺纹代号	螺距 P
M5	0.80	M12	1.75	M20	2.50
M6	1.00	M14	2.00	M22	
M8	1.25	M16		M24	3.00
M10	1.50	M18	2.50	M27	

三、车削三角形螺纹时切削用量的选择

低速车削三角形外螺纹时，应根据工件材料、螺距大小和加工阶段等，合理选择切削用量。

1. 切削速度的选择

由于螺纹车刀刀尖较小，散热条件差，切削速度应低于外圆车削。粗车时，$v_c=10\sim15$ m/min；精车时，$v_c<5$ m/min。

2. 背吃刀量的选择

车螺纹时，要经过多次进给才能完成车削。粗车第一、二刀时，由于总的切削面积不大，可以选择相对较大的背吃刀量，以后每次的背吃刀量应逐渐减小。精车时，背吃刀量更小，以获取较小的表面粗糙度值。但需要注意的是，车削螺纹必须要在一定的进给次数内完成。表 7-13 和表 7-14 分别列出了低速和高速车削三角形螺纹时的进刀次数，供参考。

表 7-13　低速车削三角形螺纹的进刀次数

进给走刀次数	M16（$P=2$mm）			M20（$P=2.5$mm）			M24（$P=3$mm）		
	中滑板进刀格数	小滑板借刀格数		中滑板进刀格数	小滑板借刀格数		中滑板进刀格数	小滑板借刀格数	
		左	右		左	右		左	右
1	10	0	—	11	0	—	11	0	—
2	6	3	—	7	3	—	7	3	—
3	4	2	—	5	3	—	5	3	—
4	2	2	—	3	2	—	4	2	—
5	1	0.5	—	2	1	—	3	2	—
6	1	0.5	—	1	1	—	3	1	—
7	0.25	0.5	—	1	0	—	2	1	—
8	0.25	—	2.5	0.5	0.5	—	1	0.5	—
9	0.5	—	0.5	0.25	0.5	—	0.5	1	—
10	0.5	—	0.5	0.25	—	3	0.5	0	—
11	0.25	—	0.5	0.5	—	0	0.25	0.5	—
12	0.25	—	0	0.5	—	0.5	0.25	0.5	—
13	螺纹深度为 1.3mm，n 为 26 格			0.25	—	0.5	0.5	—	3
14				0.25	—	0	0.5	—	0
15				螺纹深度为 1.625mm，n 为 32.5 格			0.25	—	0.5
16							0.25	—	0
							螺纹深度为 1.95mm，n 为 39 格		

表 7-14　高速车削三角形螺纹的进刀次数

螺距 P（mm）		1.5～2	3	4	5	6
进刀次数	粗车	2～3	3～4	4～5	5～6	6～7
	精车	1	22	2	2	2

四、螺纹的车削

1. 三角形螺纹车刀的安装

安装要求如下。

1）螺纹车刀刀尖应与车床主轴轴线等高，一般可根据尾座顶尖高低调整和检查。

2）螺纹车刀的两刀尖半角的对称中心线应与工件轴线垂直，装刀时可用对刀样板调整，如图 7-31 所示。如果把车刀装歪了，会使车出的螺纹两牙型半角不相等，产生倒牙，如图 7-32 所示。

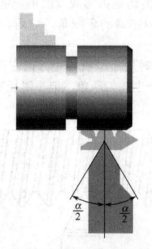

图 7-31　利用样板装刀

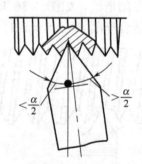

图 7-32　装刀歪斜

3）螺纹车刀伸出不宜过长，一般伸出长度约为 25～30mm。

4）高速车削三角形外螺纹时，为了防止工件振动和发生扎刀，可使用如图 7-33 所示的弹性刀柄螺纹车刀。装刀时刀尖还应略高于工件中心，一般高出 0.1～0.3mm。

图 7-33　弹性刀柄螺纹车刀

2．车削螺纹的进刀方式

螺纹可采用低速和高速车削，根据不同的情况，车削螺纹的进刀方式有直进法、左右切削法和斜进法 3 种，如图 7-34 所示。

(a) 直进法　　　　　　(b) 左右切削法　　　　　　(c) 斜进法

图 7-34　车削螺纹的进刀方式

直进法就是在车削时只用中滑板横向进给，车刀两切削刃形成双面车削情况，如图 7-35 所示。因此车削时容易产生扎刀现象，但能够获得正确的牙型角。它适合车削 $P<2.5$ mm 的三角形螺纹。

左右切削法在车削时，除中滑板横向进给外，同时用小滑板将车刀向左或向右微量进给，形成单面车削情况，如图 7-36 所示。这样不易产生扎刀现象，但小滑板的左右移动量不能过大。它适合车削 $P>2.5$ mm 的三角形螺纹。

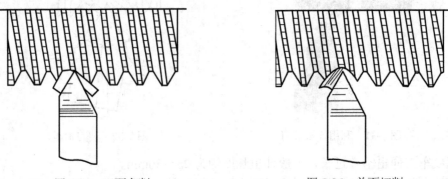

图 7-35　双面车削　　　　　　　　图 7-36　单面切削

斜进法就是在每次往复行程后，除中滑板横向进给外，小滑板只向一个方向微量进给，它同样不易产生扎刀现象，但用此方法粗车后，必须用左右切削法精车。它适合车削 $P>2.5$ mm 的三角形螺纹。

高速车削三角形外螺纹时只能采用直进法。

3．螺纹的车削方法

常用的螺纹车削方法有开倒顺车法和提开合螺母法。

（1）开倒顺车法

开倒顺车法如图 7-37 所示，习惯上用左手握操纵杆控制主轴正反转，右手握中滑板手柄控制背吃刀量。具体的操作步骤见表 7-15。

图 7-37　开倒顺车法车削螺纹

表 7-15　开倒顺车法车削螺纹的步骤

步　骤	操 作 说 明	图　解
对刀	开车对刀，并调整中滑板刻度至零位，然后先中滑板横向，再纵向退出车刀	
进刀试车	中滑板进刀 0.05mm 左右，合上开合螺母，在工件表面车出一条螺旋槽，然后横向退出车刀，停车	
检测螺距	开反车使车床反转，纵向退回车刀，停车后用钢直尺（螺纹规等）检测螺距是否正确	

（续表）

步　骤	操 作 说 明	图　解
车削	利用中滑板刻度盘调整背吃刀量，开始进行切削	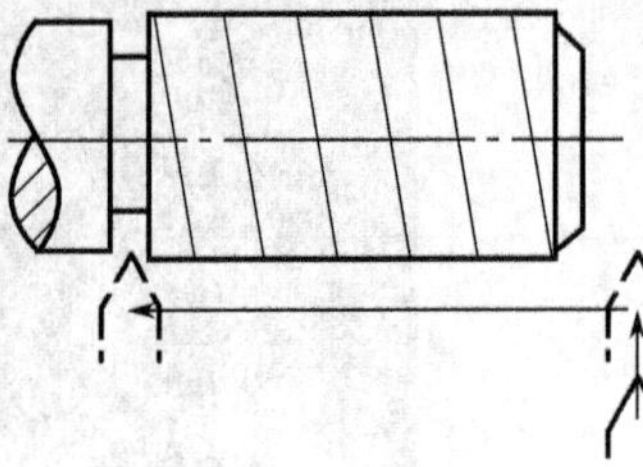
	车削至行程终了时，先停车，然后逆时针快速转回中滑板手柄，再停车，开反车退回车刀	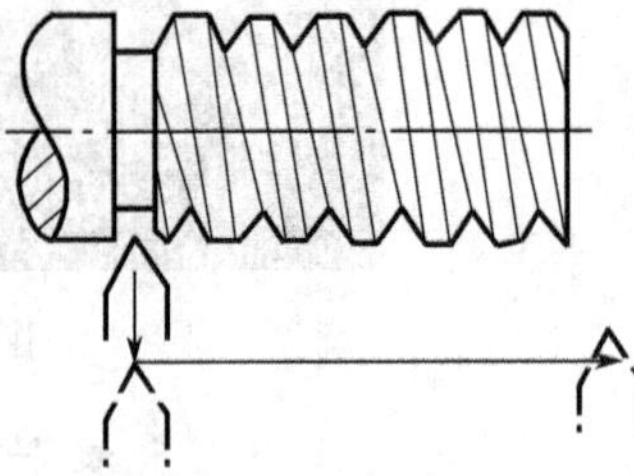
	再次调整背吃刀量，按图示路线继续车削	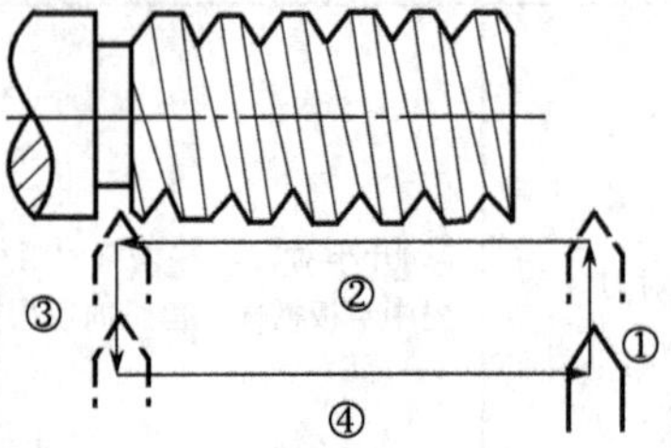

（2）提开合螺母法

只有当丝杠螺距能整除工件螺距时，才能采用提开合螺母法车削螺纹，否则，将出现乱牙，把螺纹车坏。提开合螺母法车削螺纹的步骤见表 7-16。

表 7-16　提开合螺母法车削螺纹的步骤

步　骤	操 作 说 明	图　解
对刀	开车对刀，并调整中滑板刻度至零位，然后先中滑板横向，再纵向退出车刀	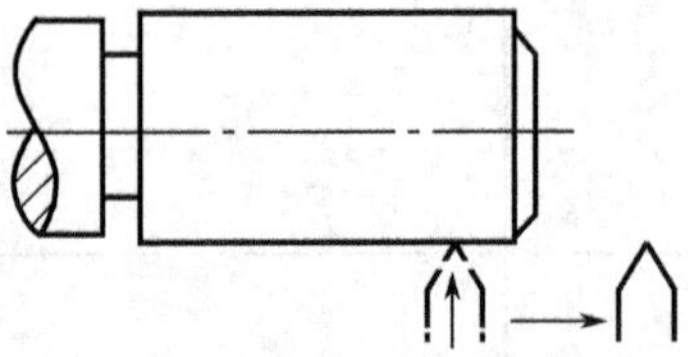
试车	中滑板进刀 0.05mm 左右，合上开合螺母，在工件表面车出一条螺旋槽	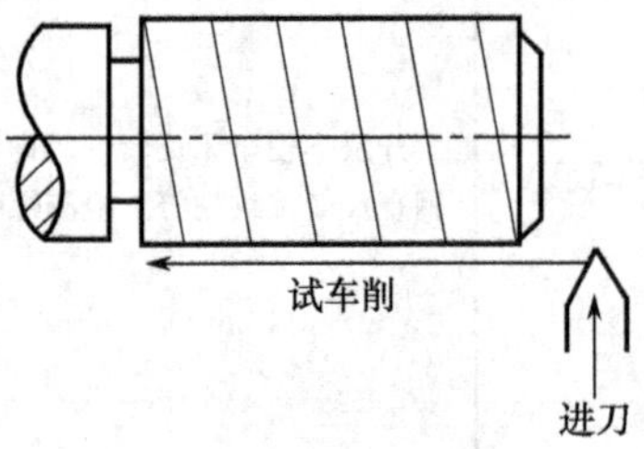 试车削　进刀

（续表）

步　骤	操 作 说 明	图　解
退刀	车至行程终了时，右手提起开合螺母，左手同时快速退出中滑板，然后摇动床鞍纵向退回车刀	
检测	停车后用钢直尺（螺纹规等）检测螺距是否正确	
车削	合格后，调整背吃刀量，按下开合螺母车削	

4．中途对刀

在车削过程中，若要更换车刀，换刀后，必须进行中途对刀（动态对刀），其方法如下。

1）换刀后装正车刀角度及刀尖对正工件中心，并将车刀退出螺纹加工表面，如图 7-38 所示。

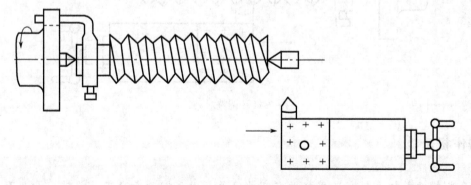

图 7-38　车刀退出螺纹加工表面

2）启动车床，按下开合螺母，进行空走刀（无切削状态），待车刀移至加工区域时立即停车，如图 7-39 所示。

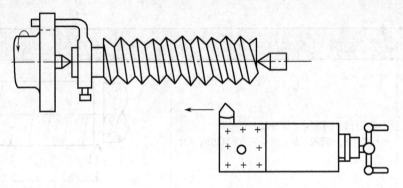

图 7-39　车刀移至加工区域

3）移动中、小滑板，使车刀刀尖对准螺旋槽中间，如图 7-40 所示。

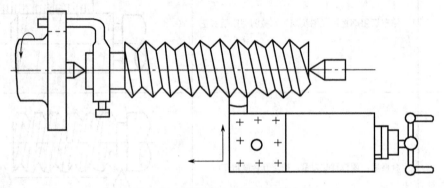

图 7-40　车刀刀尖对准螺旋槽中间

4）再启动车床，观察车刀刀尖在螺旋槽内的情况，根据情况，再次调整中、小滑板，确保车刀刀尖与螺旋槽对准，如图 7-41 所示。

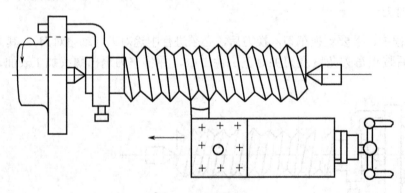

图 7-41　调整对刀

 **操作提示**

1）车削螺纹前把主轴变速手柄放在空挡位置，用手拨动卡盘正反旋转，看是否有过重或空转量过大现象，并应及时调整主轴轴承间隙。

2）车螺纹时，开合螺母必须与丝杠啮合到位。

3）开倒顺车法车削螺纹时，换向不能过快，以防车床部件受损。

五、螺纹的检测

车削螺纹时，应根据不同的质量要求和生产批量，相应地选择不同的检测方法。常见的检测方法有单项测量法和综合检验法两种，见表 7-17。

表 7-17 螺纹的检测方法

检测方法	检测说明	图解
单项测量法	大径的检测： 螺纹大径一般用游标卡尺或外径千分尺检测	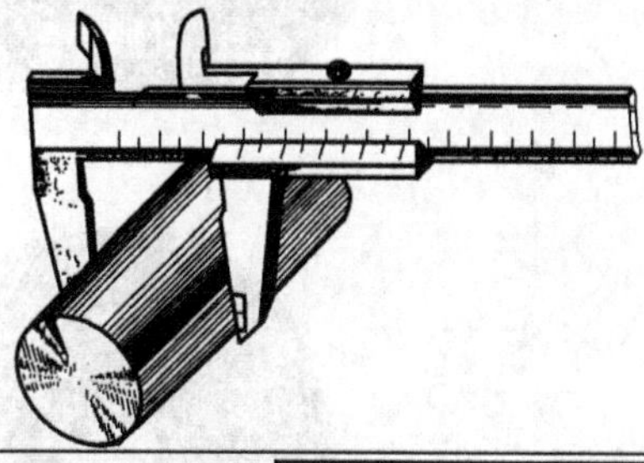
	螺距的检测： 用钢直尺、游标卡尺或螺纹样板测量螺距（或导程）	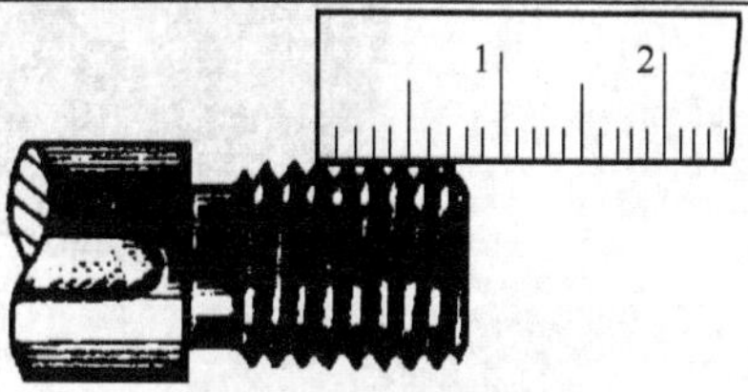 用钢直尺检查螺距 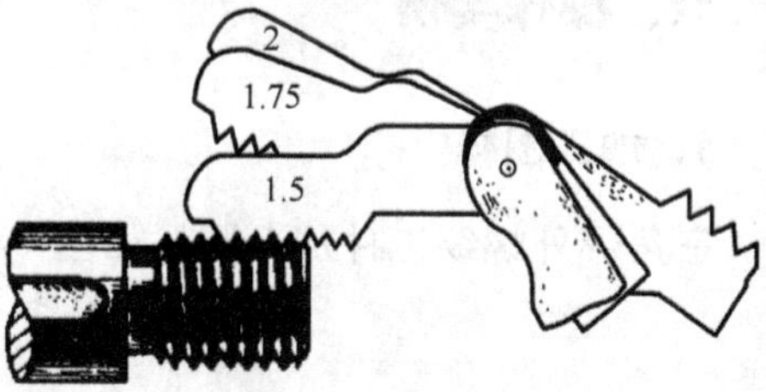 2 1.75 1.5 用螺纹规检查螺距
	中径的检测： 用螺纹千分尺测量螺纹中径。螺纹千分尺（如图 7-42 所示）有 60°和 55°两套适用于不同牙型角和不同螺距的测量头。测量头可以根据测量的需要进行选择，然后分别插入千分尺的测杆和砧座的孔内	
综合检验法	综合检验法是用螺纹量规（如图 7-43 所示）对螺纹各基本要素进行综合性检验。它分为通规和止规，如果通规难以拧入，应对螺纹的各直径尺寸、牙型角、牙型半角和螺距等进行检查，经修正后再用通规检验。当通规全部拧入，止规不能拧入时，说明螺纹各基本要素符合要求	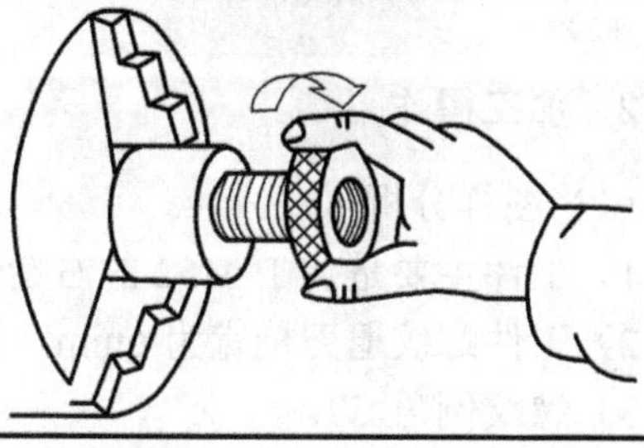

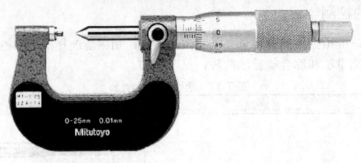

图 7-42   螺纹千分尺

图 7-43   螺纹量规

六、操作实例

1. 加工图样

三角形外螺纹工件加工图样如图 7-44 所示。

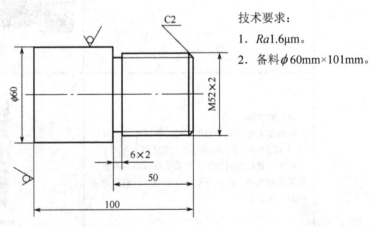

技术要求：

1. $Ra1.6\mu m$。

2. 备料 $\phi 60mm \times 101mm$。

图 7-44   三角形外螺纹工件加工图样

2. 加工操作

（1）图样分析

1）工件主要是加工 M52 的右旋外螺纹，螺距为 2mm，其余表面为不加工表面。

2）工件螺纹退刀槽宽为 6mm，槽深 2mm。

3）螺纹倒角 C2。

4）螺纹各加工表面粗糙度值为 $Ra1.6\mu m$。

（2）切削用量的选用

具体的切削用量见表 7-18。

表 7-18　三角形外螺纹加工时的切削用量

要　素		加工性质	
		粗车	精车
背吃刀量 a_p（mm）	螺纹大径车削	视加工要求而定	0.3～0.4
进给量 f（mm/r）	螺纹大径车削	0.2～0.3	0.12
	螺纹车削	2	
转速 n（rpm）	螺纹大径车削	400～600	750～800
	螺纹车削	200	105

（3）操作准备

准备好 CA6140 型车床、$\phi60mm\times101mm$ 的 45 钢棒料、90°车刀、45°车刀、三角形外螺纹车刀、游标卡尺、千分尺、螺纹样板等，如图 7-45 所示。

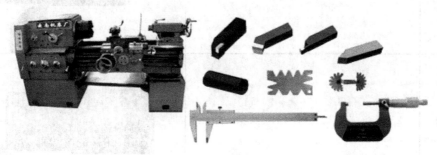

图 7-45　操作准备

（4）操作步骤

三角形外螺纹工件的加工操作步骤见表 7-19。

表 7-19　三角形外螺纹工件的加工操作步骤

步　骤	操作说明	图　解
装夹工件	工件采用三爪自定心卡盘直接装夹，保证伸出长度 70mm，找正夹紧	
安装车刀	将 90°车刀、45°车刀、切槽刀和三角形外螺纹车刀安装在刀架上	

（续表）

步　骤	操 作 说 明	图　解
车端面	用90°外圆车刀车左端面，并控制总长100mm	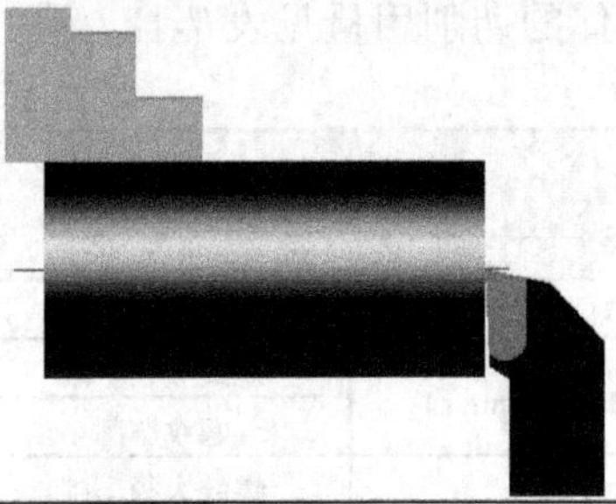
车螺纹大径	用90°外圆车刀车螺纹大径ϕ52mm，长50mm至尺寸要求	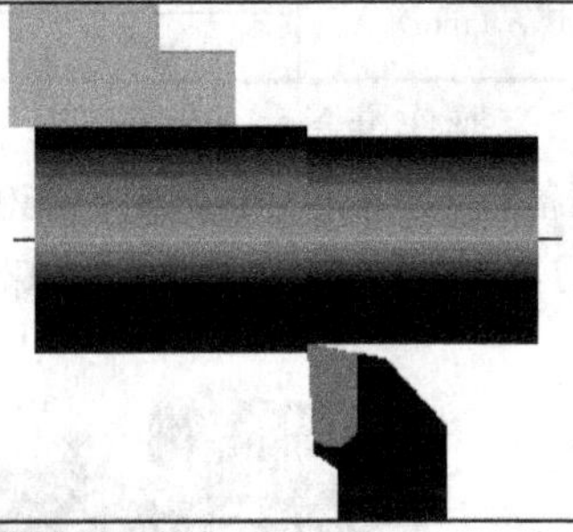
倒角	用45°车刀倒角C2	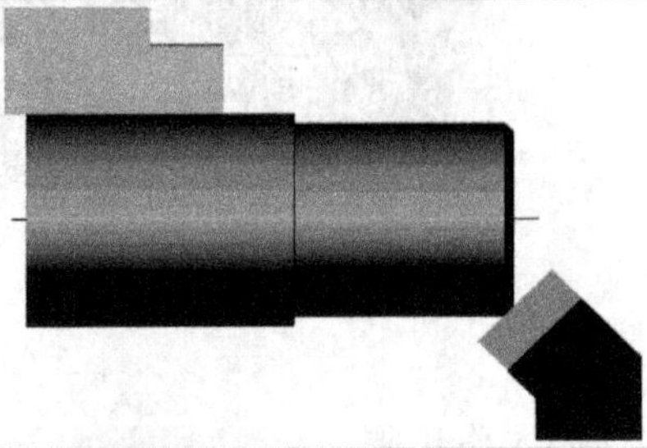
切槽	用刀宽为6mm的车槽刀车槽宽为6mm，槽深为2mm（底径ϕ48mm）的槽至尺寸要求	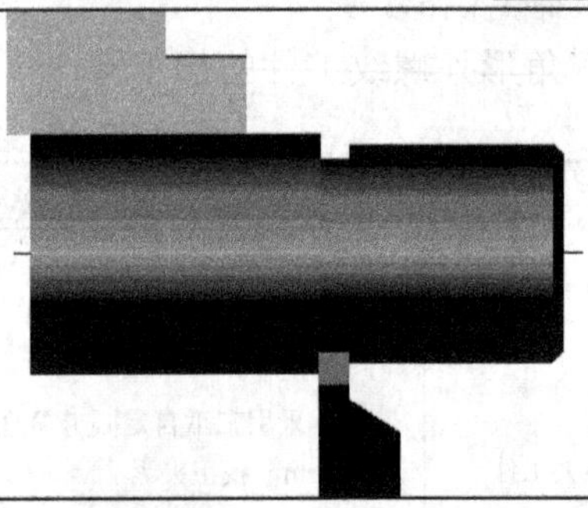
车螺纹	开倒顺车，采用直进法粗、精车 M52×2 螺纹至图样要求（检测合格后取下工件）	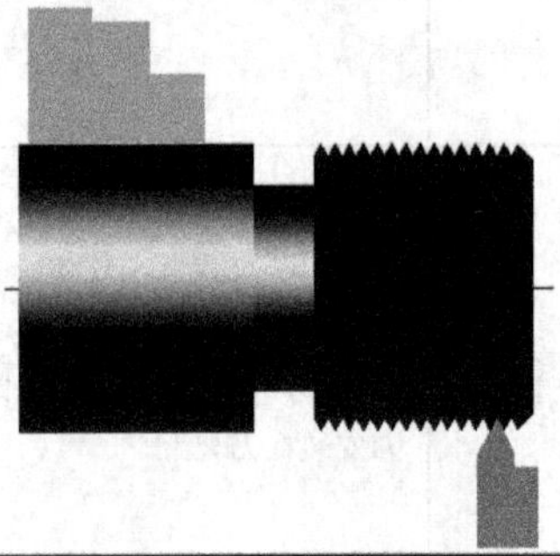

加工后的零件如图 7-46 所示。

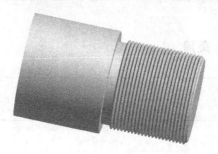

图 7-46　加工后的零件立体图

活动三技能训练内容见表 7-20。

表 7-20　活动三技能训练内容

课题名称		车削三角形外螺纹		课题开展时间		指导教师
学生姓名		分组组号				
操作项目	活动实施			技能评价		
				优良	及格	差
使用车床的型号						
完成右图所示工件的车削加工						

材料：45 钢

备料：ϕ55mm×110mm

技术要求：

1. 全部 Ra1.6μm

2. 其余倒角 C1

3. 未注尺寸公差按 GB/T 1840—2000

活动三　学习体会与交流

活动四　车削三角形内螺纹

任务目标

1. 掌握三角形内螺纹孔径的计算方法。
2. 能根据螺纹样板正确装夹车刀。
3. 掌握用直进法车削三角形内螺纹的方法。
4. 巩固、提高车削三角形螺纹的熟练程度。

知识内容

三角形内螺纹工件形状常见的有三种，即通孔、不通孔和台阶孔，如图 7-47 所示。其中，通孔内螺纹容易加工。

（a）通孔内螺纹　　　　　　（b）不通孔内螺纹　　　　　　（c）台阶孔内螺纹

图 7-47　三角形内螺纹工件的常见形状

一、内螺纹车刀的选择与装夹

1. 内螺纹车刀的选择

在加工内螺纹时，由于车削方法和工件形状的不同，所选用的内螺纹车刀也不同，常用的内螺纹车刀如图 7-48 所示。

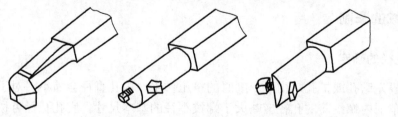
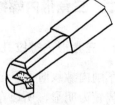

（a）通孔内螺纹车刀　　　　　（b）不通孔内螺纹车刀　　　　　（c）台阶孔内螺纹车刀

图 7-48　常用的内螺纹车刀

内螺纹车刀刀柄受螺纹孔径尺寸的限制，一般选用车刀切削部分径向尺寸比孔径小 3～5mm 的螺纹车刀，否则，退刀时会碰伤内螺纹牙顶，甚至不能车削。刀柄应在保证顺利车削的前提下尽量粗壮些。

2．内螺纹车刀的装夹

同车削外螺纹一样，内螺纹车刀的装夹同样很重要。

1）刀柄的伸出长度应大于内螺纹的长度约 10～20mm。

2）刀尖应与工件轴心线等高。如果太高，易引起振动，便螺纹产生鱼鳞斑；如果太低，刀头下部会与工件发生摩擦，车刀切不进去。

3）装刀时要保证车刀刀尖与刀柄垂直，否则车削时刀柄会与内孔相碰，如图 7-49 所示。因此，用螺纹样板装夹刀时，要将螺纹样板侧面靠平工件端面，刀尖部分进入样板的槽内进行对刀，如图 7-50 所示，同时调整并夹紧车刀。

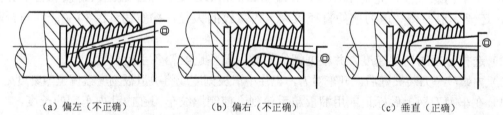

（a）偏左（不正确）　　　　（b）偏右（不正确）　　　　（c）垂直（正确）

图 7-49　车刀刀尖与刀柄位置关系

4）装夹好的螺纹车刀应在底孔内手动试走一次，如图 7-51 所示，以防正式车削时刀柄与内孔相碰而影响加工。

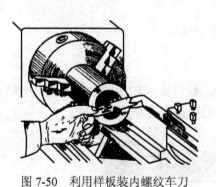

图 7-50　利用样板装内螺纹车刀

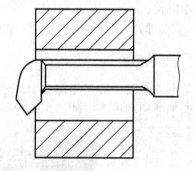

图 7-51　检查刀柄与内孔接触情况

二、三角形内螺纹的车削

1. 三角形内螺纹孔径的确定

车削内螺纹时，一般先钻孔或扩孔。由于车削时的挤压作用，内孔直径会缩小，对于塑性金属较为明显，所以车削内螺纹前的孔径应略大于螺纹小径的基本尺寸。底孔孔径可按下面的公式计算。

车削塑性材料时：$D_孔 = D - P$

车削脆性材料时：$D_孔 = D - 1.05P$

式中　$D_孔$——底孔直径，mm；

　　　D——内螺纹大径，mm；

　　　P——螺距，mm。

2. 内螺纹的车削

（1）进刀方式

螺距 $P \leqslant 2$mm 的内螺纹，一般采用直进法车削；螺距 $P > 2$mm 的内螺纹，一般先用斜进法粗车，并向走刀方向相反一侧赶刀，以改善内螺纹车刀的受力状况，使粗车能顺利进行；精车时则采用左右进刀法精车两侧，以减小牙型两侧的表面粗糙度值，最后采用直进法车至螺纹大径。

（2）内螺纹的车削方法

1）车削内螺纹前，先把工件内孔、端面和倒角等车好。车不通孔内螺纹和台阶孔内螺纹时，还要车退刀槽。退刀槽的直径应大于内螺纹的大径，槽宽为（2~3）P，并与台阶端面齐平。

2）选择合理的切削速度，并根据螺纹的螺距调整进给箱各手柄位置。

3）内螺纹车刀装夹好后，开车对刀，记住中滑板刻度或将中滑板刻度盘调至零刻度处。

4）在车刀刀柄上做标记或用溜板箱手轮刻度控制螺纹车刀在内孔内车削的长度。

5）用中滑板进刀，控制每次车削的切削深度（即背吃刀量），进刀方向与车外螺纹时的进刀方向相反。

6）提起开合螺母手柄车削内螺纹。当车刀移动至标记位置或溜板箱手轮刻度显示到达螺纹长度位置时，快速退刀，同时压下操纵杆使主轴反转（或提起开合螺母手柄），将车刀退至起始位置。

7）多次进刀、车削，使总切削深度等于螺纹牙型深度。

3. 内螺纹的检测

三角形内螺纹一般采用螺纹塞规进行综合检测。螺纹塞规如图 7-52 所示，检测时，螺纹塞规通端能顺利拧入工件，止端拧不进工件，则说明螺纹合格。

图 7-52　螺纹塞规

操作提示

1）车内螺纹时，要注意进、退刀的方向与车外螺纹相反，如图 7-53 所示。

2）在车削不通孔和台阶孔内螺纹前，应根据螺纹长度加上 1/2 槽宽的距离在刀柄上做好标记，作为退刀之用，如图 7-54 所示。

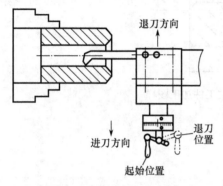

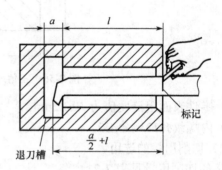

图 7-53　车内螺纹的进、退刀方向　　　　图 7-54　车削不通孔和台阶孔内螺纹时刀柄的退刀标记

3）因"让刀"现象产生的螺纹锥形误差（检测时，只能在孔口处拧进几牙），不能盲目地加深背吃刀量，应将车刀放在底径的进刀刻度处的位置，反复车削，直至全部拧进。

4）车削内螺纹过程中，当工件旋转时，不可用手摸，更不能用棉纱去擦拭或清除切屑，以免发生事故，如图 7-55 所示。

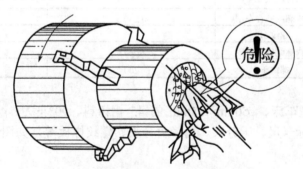

图 7-55　车削内螺纹时不安全的操作

三、操作实例

1. 加工图样

三角形内螺纹工件加工图样如图 7-56 所示。

2. 加工操作

（1）图样分析

1）零件主要尺寸 ϕ48mm 和 30mm，精度要求不高（为未注公差尺寸）。

2）内螺纹 M24 螺距 P 为 2mm。

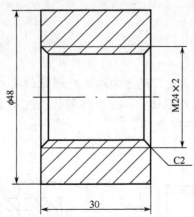

技术要求：

1. 全部 $Ra3.2\mu m$。

2. 备料 $\phi50mm\times33mm$。

图 7-56　三角形内螺纹工件加工图样

3）零件表面粗糙度值为 $Ra3.2\mu m$。

4）内螺纹孔口倒角 C2。

（2）切削用量的选用

具体的切削用量见表 7-21。

表 7-21　三角形内螺纹工件加工时的切削用量

要素		加工性质	
		粗车	精车
背吃刀量 a_p（mm）	外圆的车削	由于工件外圆加工余量不大，可一次进给车削完成	
	内螺纹底径车削	视加工要求而定	0.1~0.15
进给量 f（mm/r）	内螺纹底径车削	0.2~0.3	0.10
	螺纹车削	2	
转速 n（rpm）	内螺纹底径车削	300~450	450~600
	螺纹车削	200	105

（3）操作准备

准备好 CA6140 型车床、$\phi50mm\times33mm$ 的 45 钢棒料、90°车刀、45°车刀、车孔刀、三角形内螺纹车刀、游标卡尺、千分尺、内径百分表、螺纹样板等，如图 7-57 所示。

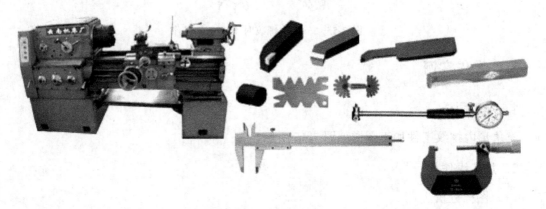

图 7-57　操作准备

（4）操作步骤

三角形内螺纹工件的加工操作步骤见表7-22。

表7-22　三角形内螺纹工件的加工操作步骤

步　骤	操作说明	图　解
装夹工件	工件采用三爪自定心卡盘直接装夹，夹持长10~15mm左右，找正夹紧	
安装车刀	先将 90°车刀、车孔刀和三角形内螺纹车刀安装在刀架上，麻花钻装夹在尾座上	
车端面	用 90°外圆车刀车左端面，车平即可	
车外圆	车外圆φ48mm 至尺寸要求，锐边倒圆	
钻孔	用麻花钻钻底孔至φ20mm	

（续表）

步　骤	操 作 说 明	图　解
调头车削	工件调头，夹φ48mm 外圆，找正夹紧，车端面，控总长 30mm	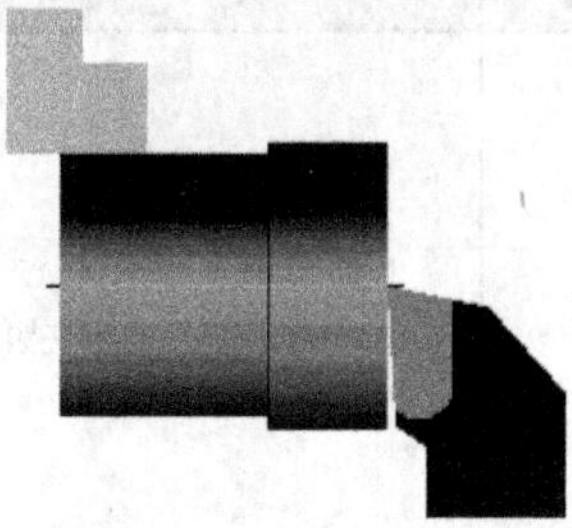
车外圆	车外圆φ48mm 至尺寸要求，锐边倒圆	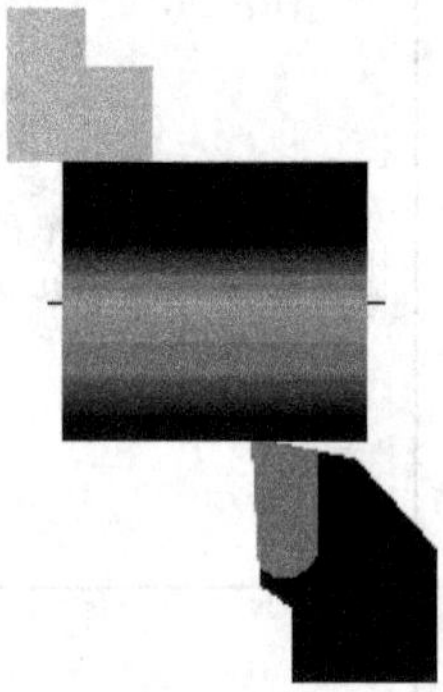
车孔	用车孔刀粗、精车螺纹顶径至φ22mm	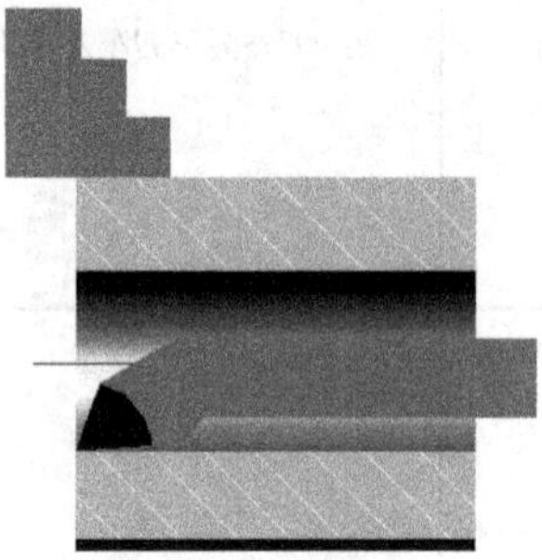
车螺纹	用螺纹车刀对孔口进行倒角 C2，根据图样要求，调整好车床各手柄位置，采用开倒顺车法粗、精车 M24×2 内螺纹，用螺纹环规检测合格后取下工件	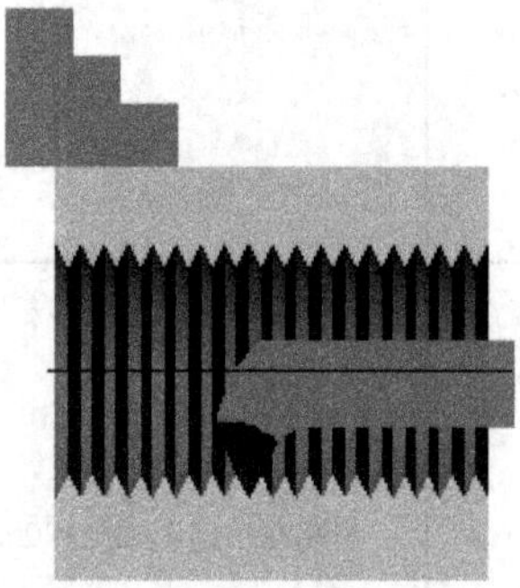

加工后的零件如图 7-58 所示。

图 7-58　加工后的零件立体图

活动四技能训练内容见表 7-23。

表 7-23　活动四技能训练内容

课题名称	车削三角形内螺纹			课题开展时间	指导教师
学生姓名		分组组号			
操作项目	活动实施			技能评价		
				优良	及格	差
使用车床的型号						
完成右图所示工件的车削加工	(图略) 材料：45 钢 备料：φ55mm×110mm 技术要求： 1. 全部 Ra1.6μm 2. 其余倒角 C1					

活动四学习体会与交流

活动五　在车床上套螺纹和攻螺纹

 任务目标

1. 掌握套螺纹的方法。
2. 掌握套、攻螺纹时螺纹顶径的计算方法。
3. 掌握攻螺纹的方法。

 知识内容

一、套螺纹

套螺纹是指用板牙切削外螺纹的一种加工方法。一般直径不大于 M16 或螺距小于 2mm 的螺纹可用板牙直接套出来，直径大于 M16 的螺纹可粗车螺纹后再套螺纹。其切削效果以 M8~M12 为最佳。

1. 圆板牙

圆板牙是一种成形多刃刀具，如图 7-59 所示。圆板牙大多用高速钢制成，它像一个圆螺母，其两侧是切削部分，因此正反都可以用，中间有完整齿深的为校正部分，也是套螺纹时的导向部分。

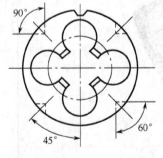

图 7-59　圆板牙

2．套螺纹时螺纹顶径的确定

套螺纹时，工件外圆比螺纹的公称尺寸略小（按工件螺距确定）。螺纹顶径可按下面的近似公式计算：

$$d_0 = d - (0.13 \sim 0.15) P$$

式中　d_0——螺纹顶径，mm；

　　　d——螺纹公称尺寸，mm；

　　　P——螺距，mm。

3．套螺纹的方法

套螺纹的操作方法见表 7-24。

表 7-24　套螺纹的操作方法

步　骤	操　作　说　明	图　解
车外圆	先把工件外圆车至比螺纹大径（公称直径）的基本尺寸小 0.2~0.4 mm	
倒角	外圆车好后，进行端面倒角，倒角要小于或等于 45°	
装板牙	先将套螺纹工具插入车床尾座套筒内，再将板牙装入套螺纹工具内	
套螺纹	移动尾座，使板牙靠近工作端面，启动车床和冷却系统，再转动尾座手轮，使板牙切入工件	

注：1．当板牙已切入工件后，就不再转动尾座手轮，仅由滑动套筒在工具体导向键槽中随着板牙沿着工件轴线向前套螺纹。

　　2．套螺纹时尾座不能固定。

二、攻螺纹

攻螺纹是用丝锥切削内螺纹的一种加工方法。

1. 丝锥

丝锥也叫丝攻，是一种成形多刃刀具，如图 7-60 所示。其本质即为一螺钉，开有纵向沟槽，以形成切削刃和容屑槽。其结构简单，使用方便，在小尺寸的内螺纹加工上应用极为广泛。丝锥的种类很多，按牙的粗细不同，分为粗牙丝锥和细牙丝锥；按其功能来分，有手用丝锥、机用丝锥、螺母丝锥、板牙丝锥、锥形螺纹丝锥、梯形螺纹丝锥等。通常 M6~M24 的手用丝锥一套为两支，称头锥、二锥；M6 以下及 M24 以上的手用丝锥一套有 3 支，即头锥、二锥、三锥。

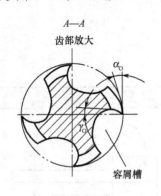
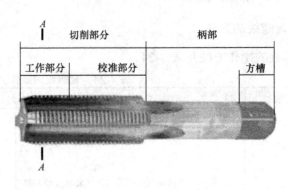

图 7-60　丝锥

2. 攻螺纹前螺纹顶径（孔径）的确定

攻螺纹前螺纹顶径（孔径）应比螺纹小径略大，以减小攻螺纹时的切削抗力和防止丝锥折断。一般可按下面的近似公式计算。

车削塑性材料时：$D_{孔} = D - P$

车削脆性材料时：$D_{孔} = D - 1.05P$

式中　$D_{孔}$——底孔直径，mm；

　　　D——内螺纹大径，mm；

　　　P——螺距，mm。

在攻通孔螺纹时，由于丝锥前端的切削刃不能攻制出完整的牙型，所以钻孔时的孔深要大于规定的螺纹深度。通常钻孔深度应等于螺纹的有效长度加上螺纹公称直径的 0.7 倍。

3. 攻螺纹的方法

在车床上攻螺纹的操作方法见表 7-25。

表 7-25　攻螺纹的操作方法

步　骤	操作说明	图　解
钻孔	装夹找正工件，按公式选用合适的麻花钻钻底孔	

（续表）

步　骤	操 作 说 明	图　　解
孔口倒角	钻孔后，要进行孔口倒角，	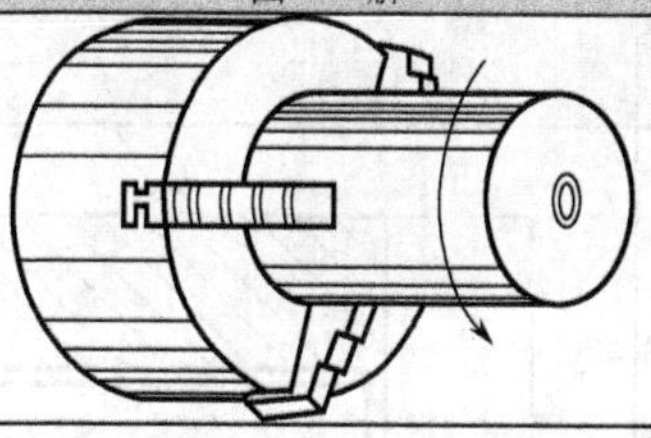
装丝锥	先将攻螺纹工具装入尾座中，再将丝锥装入攻螺纹工具的方孔中（对于不通孔，则应根据孔深在丝锥上做上标记）	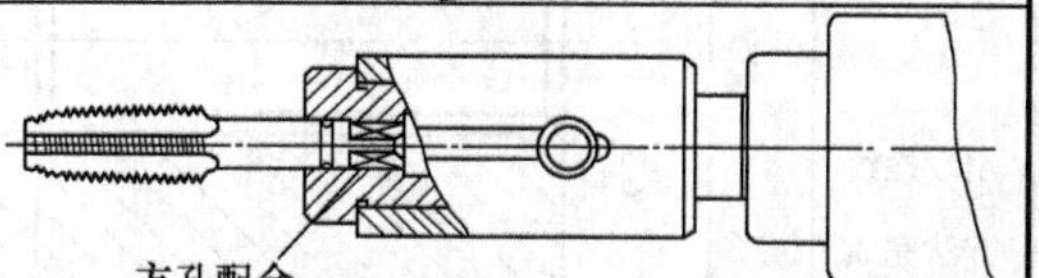 方孔配合
攻螺纹	低速启动车床，转动尾座手轮使丝锥切削部分进入工件孔内，当丝锥已切入几牙后，停止转动尾座手轮，由攻螺纹工具可滑动部分随丝锥进给，攻制内螺纹	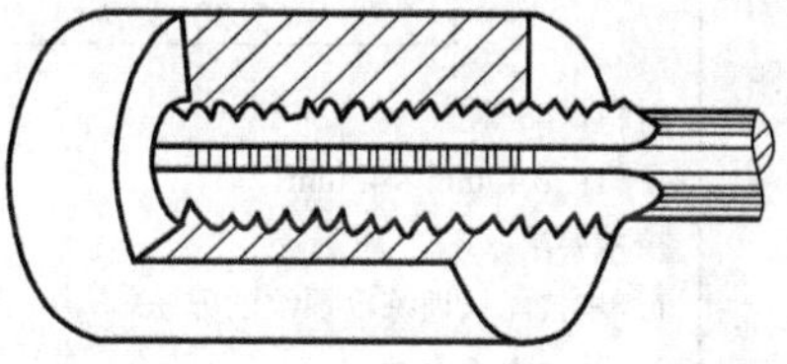

 技能训练

活动五技能训练内容见表 7-26。

表 7-26　活动五技能训练内容

课题名称		套螺纹和攻螺纹		课题开展时间	指导教师
学生姓名		分组组号			
操作项目	活动实施			技能评价	
				优良	及格	差

操作项目	活动实施	优良	及格	差
使用车床的型号				
用套螺纹方法完成右图所示的工件	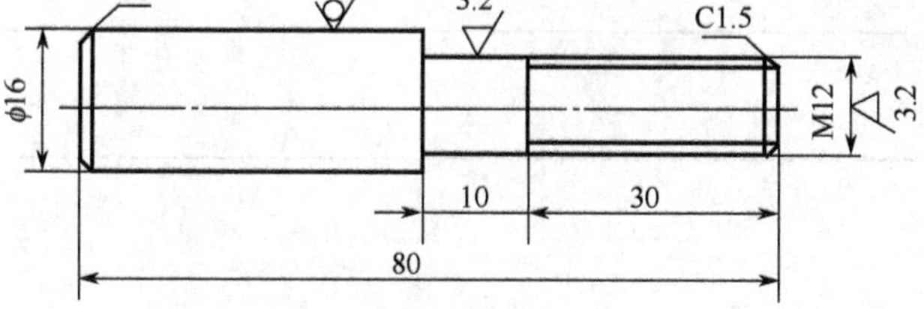 C1　3.2　C1.5　M12　3.2　φ16　10　30　80 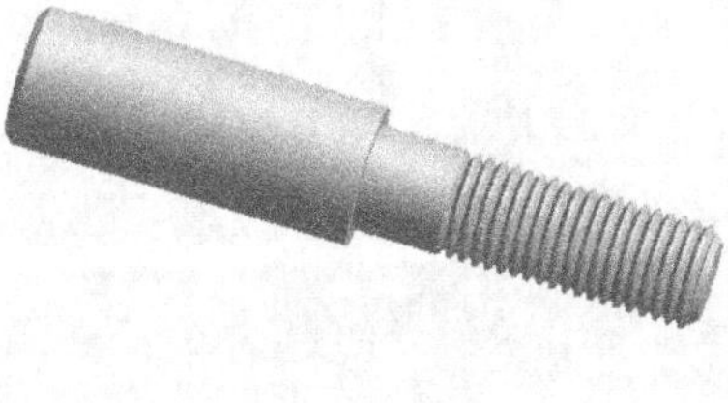 材料：45 钢 备料：φ16mm×82mm 技术要求： 1. 本技能只训练套螺纹的方法 2. 其余 Ra6.3μm			

（续表）

操作项目	活动实施	技能评价		
		优良	及格	差
用攻螺纹方法完成右图所示的工件	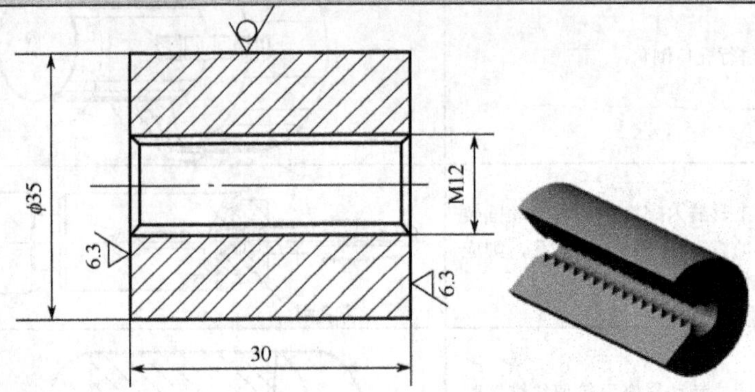 φ35　M12　6.3　30　6.3 材料：45钢 备料：φ40mm×42mm 技术要求： 1．本技能只训练攻螺纹的方法 2．其余 Ra6.3μm 3．孔口倒角 C1.5			

活动五 学习体会与交流

项目八 车梯形螺纹

梯形螺纹是应用广泛的一种传动螺纹，其工作长度较长，精度要求较高，而且导程和螺纹升角较大。车床上的长丝杠和中、小滑板丝杠都是梯形螺纹。

活动一 梯形螺纹车刀的刃磨

 **任务目标**

1. 了解梯形螺纹车刀的几何形状和角度要求。
2. 掌握梯形螺纹车刀的刃磨方法和刃磨要求。

 **知识内容**

梯形螺纹分米制和英制两种，米制梯形螺纹的牙型角为 30°，英制梯形螺纹的牙型角为 29°。我国常用的是米制梯形螺纹。

一、梯形螺纹车刀的种类与几何角度

1．高速钢梯形外螺纹车刀

（1）粗车刀

高速钢梯形外螺纹粗车刀如图 8-1 所示，其刀尖角应小于牙型角，刀尖宽度应小于牙型槽底宽（$\frac{2}{3}W$）。径向前角取 10°~15°，径向后角取 6°~8°，两侧后角进刀方向为（3°~5°）$+\psi$，背进刀方向为（3°~5°）$-\psi$，刀尖处应适当倒圆。

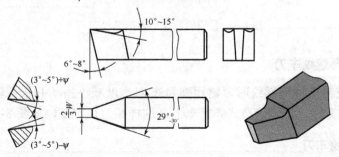

图 8-1 高速钢梯形外螺纹粗车刀

（2）精车刀

高速钢梯形外螺纹精车刀如图 8-2 所示，其径向前角为 0°，其刀尖角应等于牙型角，即 30°，径向后角取 6°~8°，两侧后角进刀方向为（5°~8°）+ψ，背进刀方向为（5°~8°）－ψ。刀尖宽度等于牙型槽宽 W 减去 0.05mm。为保证两侧切削刃切削顺利，在两侧磨有前角（10°~20°）较大的卷屑槽。车削时，车刀前端的切削刃不能参与切削，只能精车。

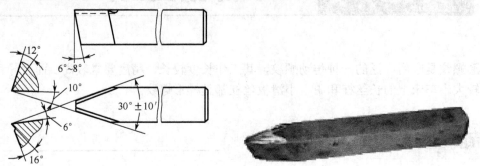

图 8-2　高速钢梯形外螺纹精车刀

2．硬质合金梯形外螺纹车刀

为了提高效率，在车削一般精度梯形螺纹时，可采用普通硬质合金梯形螺纹车刀进行高速车削，如图 8-3 所示。其径向前角为 0°，刀尖角等于牙型角，即 30°。径向后角取 5°~6°，两侧后角进刀方向为（3°~5°）+ψ，背进刀方向为（3°~5°）－ψ。高速车削螺纹时，由于三个切削刃同时切削，切削力较大，易引起振动；并且当刀具前面为平面时，切屑呈带状排出，操作很不安全。因此，可在前面上磨出两个半径为 7mm 的圆弧，如图 8-4 所示。这样就使径向前后角增大，切削轻快，不易引起振动，同时切屑会呈球头排出，保证安全，清除切屑也很方便。

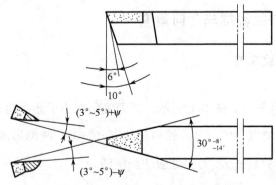

图 8-3　普通硬质合金梯形螺纹车刀

3．弹簧外梯形螺纹车刀

车精度较低或粗车梯形螺纹时，常用弹簧车刀，以减小振动并获得较小的表面粗糙度值。当采用法向装刀时，可用调节式弹簧车刀，这样装刀很方便，如图 8-5 所示。

4．梯形内螺纹车刀

梯形内螺纹车刀如图 8-6 所示，它与三角形内螺纹车刀基本相同，只是刀尖角等于

30°。为了增加刀头强度，减小振动，梯形内螺纹车刀的前刀面应适当磨低一些。

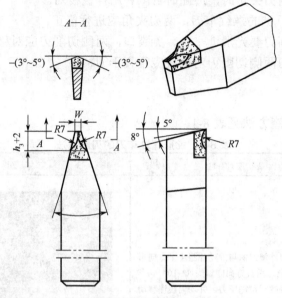

图 8-4 双圆弧硬质合金梯形螺纹车刀

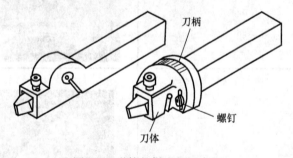

图 8-5 弹簧外梯形螺纹车刀

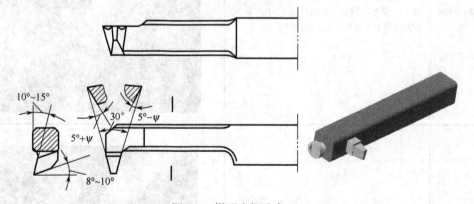

图 8-6 梯形内螺纹车刀

二、梯形螺纹车刀的刃磨

1. 刃磨要求

梯形螺纹车刀刃磨的主要参数是螺纹的牙型角和牙底槽宽度。刃磨的方法与三角形螺纹基本相同。其刃磨要求如下。

1) 刃磨螺纹车刀两刃夹角时,应随时目测和用样板校对。

2) 径向前角不等于0°的螺纹车刀,两刃夹角应进行修止。

3) 螺纹车刀各切削刃要光滑、平直、无裂口,两侧切削刃应对称,刀体不能歪斜。

4) 梯形内螺纹车刀两侧切削刃对称线应垂直于刀柄。

2. 刃磨方法

梯形螺纹车刀的刃磨方法见表8-1。

表 8-1　梯形螺纹车刀的刃磨方法

方　　法	操　作　说　明	图　　解
粗磨左侧后刀面	双手握刀,使刀柄与砂轮外圆水平方向形成 15° 夹角,垂直方向倾斜约 8°~10°。车刀与砂轮接触后稍加压力,并均匀缓慢移动磨出后刀面,即磨出牙型半角及左侧后角	
粗磨右侧后刀面	双手握刀,使刀柄与砂轮外圆水平方向形成 15° 夹角,垂直方向倾斜约 8°~10°,控制刀尖角 ε_r 及后角 α_{oL}。方法同上	
粗、精磨前刀面	将车刀前刀面与砂轮水平面方向做倾斜约 3°左右,粗、精磨前面或径向前角	

（续表）

方　法	操作说明	图　解
精磨后刀面	精磨两侧后刀面，控制刀尖角和刀尖宽度，刀尖角用样板检测修正	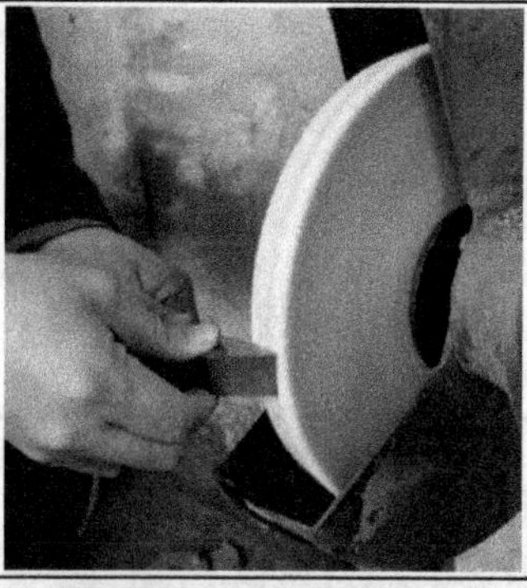  
研磨	用油石精研各刀面和刃口，保证车刀刀刃平直，刃口光洁	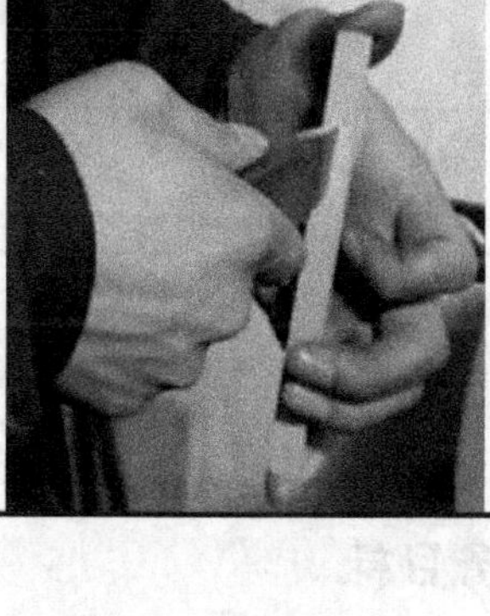

 操作提示

1）刃磨两侧后角时，要注意螺纹的左右旋向，并根据螺旋升角 ψ 的大小来确定两侧后角的增减。

2）梯形内螺纹车刀的刀尖角平分线应与刀柄垂直。

3）刃磨高速钢梯形螺纹车刀时，应随时用水冷却，以防车刀因过热而退火，降低切削性能。

4）螺距小的梯形螺纹精车刀不便刃磨断屑槽时，可采用较小径向前角的梯形螺纹精车刀。

 技能训练

活动一技能训练内容见表8-2。

表8-2　活动一技能训练内容

课题名称	梯形螺纹车刀的刃磨		课题开展时间	指导教师
学生姓名		分组组号		
操作项目	活动实施		技能评价		

操作项目	活动实施	优良	及格	差
刃磨训练（看图训练）	 梯形外螺纹车刀　　　梯形内螺纹车刀			

 活动一学习体会与交流

活动二　车梯形螺纹

 任务目标

1. 了解梯形螺纹的作用和技术要求。
2. 掌握梯形外螺纹基本尺寸的计算方法。
3. 掌握梯形螺纹的车削方法。

4. 掌握梯形螺纹的测量和检查方法。

 知识内容

一、梯形螺纹的技术要求

1. 梯形螺纹的标记

梯形螺纹的标记由螺纹代号、公差带代号及旋合长度代号组成，彼此间用"—"分开。具体标记方法见表 8-3。

表 8-3　梯形螺纹的标记方法

螺纹种类	特征代号	牙型角	标记实例	标记方法
梯形螺纹	Tr	30°	Tr36×12（P6）—7H 示例说明： Tr—梯形螺纹 36—公称直径 12—导程 P6—螺距为 6mm 7H—中径公差带代号 右旋，双线，中等旋合长度	1. 单线螺纹只标螺距，多线螺纹应同时标导程和螺距 2. 右旋不标旋向代号 3. 旋合长度只有长旋合长度和中等旋合长度两种，中等旋合长度不标 4. 只标中径公差带代号

2. 梯形螺纹的一般技术要求

1）梯形螺纹的中径必须与基准轴径同轴，其大径尺寸应小于基本尺寸。

2）梯形螺纹的配合以中径定心，因此车削梯形螺纹时必须保证中径尺寸的公差。

3）梯形螺纹的牙型角要正确。

4）梯形螺纹牙型两侧面的表面粗糙度值要小。

二、梯形螺纹基本尺寸的计算

要正确车削梯形螺纹，首先要掌握它的基本结构和相关参数，图 8-7 给出了梯形螺纹的牙型图，其基本要素的计算公式见表 8-4。

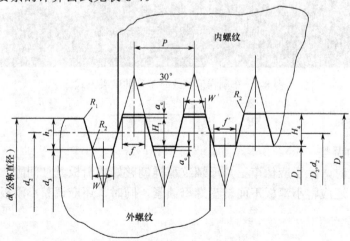

图 8-7　梯形螺纹牙型图

表 8-4　梯形螺纹基本要素计算公式

名　称		代　号	计　算　公　式			
牙型角		α	$\alpha=30°$			
螺距		P	由螺纹标准确定			
牙顶间隙		a_c	P/mm	1.5～5	6～12	14～44
			a_c/mm	0.25	0.5	1
外螺纹	大径	d	公称直径			
	中径	d_2	$d_2=d-0.5P$			
	小径	d_3	$d_3=d-2h_3$			
	牙高	h_3	$h_3=0.5P+a_c$			
内螺纹	大径	D_4	$D_4=d+2a_c$			
	中径	D_2	$D_2=d_2$			
	小径	D_1	$D_1=d-P$			
	牙高	H_4	$H_4=h_3$			
牙顶宽		f，f'	$f=f'=0.366P$			
牙槽底宽		w，w'	$W=W'=0.336P-0.536a_c$			

三、梯形螺纹车削时的工艺准备

1．工件的装夹要求

车削梯形螺纹时，切削力较大，工件宜采用一夹一顶方式装夹，如图 8-8 所示，以保证装夹牢固。此外，轴向采用限位台阶或限位支撑固定工件的轴向位置，以防车削中工件轴向窜动或移位而造成乱牙或撞坏车刀。

图 8-8　车削梯形螺纹时工件的装夹方式

2．车床的调整

（1）小滑板的调整

车削梯形螺纹时，除了应像车三角形螺纹那样调整好中滑板丝杠间隙、刻度盘松紧、长丝杠轴向间隙外，还应将小滑板下面转盘螺母锁紧，同时，还应调整小滑板镶条的松紧，如图 8-9 所示。

（a）锁紧转盘螺母　　　　　　　　　　　　（b）调整镶条

图 8-9　小滑板的调整

（2）进给箱手柄与挂轮的调整

进给箱手柄与挂轮的调整与车三角形螺纹一样。例如，要车削螺距 $P=6$mm 的梯形螺纹，从铭牌（如图 8-10 所示）中可以看出，螺纹旋向变换手柄应放在"右旋螺纹"位置，如图 8-11 所示；螺纹种类手柄为"t"位置，进给基本组手柄处于"8"位置，进给倍增组手柄处于"Ⅲ"位置，如图 8-12 所示。

图 8-10　车削梯形螺纹时铭牌的查找区域　　　图 8-11　螺纹旋向变换手柄的位置

（a）螺纹种类手柄的位置　　　（b）进给基本组手柄的位置　　　（c）进给倍增组手柄的位置

图 8-12　进给箱各手柄的位置

3．梯形螺纹车刀的安装

1）螺纹车刀刀尖应与工件轴线等高。弹性螺纹车刀由于车削时受切削抗力的作用会被压低，所以刀尖应高于工件轴线 0.2～0.5mm。

2）为了保证梯形螺纹车刀两刃夹角中线垂直于工件轴线，当梯形螺纹车刀在基面内安装时，可以用螺纹样板进行对刀，如图 8-13 所示。若以刀柄左侧面为定位基准，装刀时可用百分表校正刀柄侧面位置以控制车刀在基面内的装刀偏差，如图 8-14 所示。

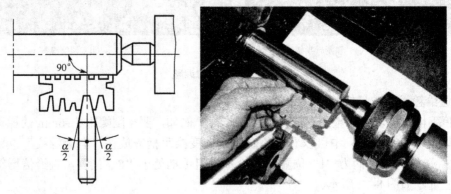

图 8-13　利用螺纹样板装刀

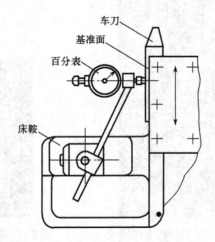

图 8-14　利用百分表校正刀柄侧面装刀

四、梯形螺纹的车削方法

1．梯形外螺纹的车削方法

在车削梯形螺纹时，应根据工件的螺距和加工精度等要求来选择合适的车削方法。

对于螺距小于 4mm 且精度要求不高的梯形螺纹，可用一把梯形螺纹车刀车削完成。粗车时，采用少时的左右切削法，精车时采用斜进法，如图 8-15 所示。

螺距为 4~8mm 或精度要求较高的梯形螺纹，一般采用左右切削法或车直槽法车削，具体车削步骤如下：

1）粗车、半精车梯形螺纹大径，留 0.3mm 左右的余量，且倒角与端面成 15°角。

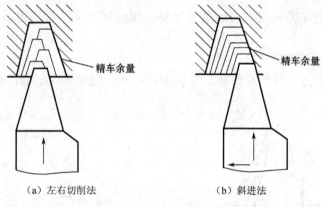

（a）左右切削法　　　　　　（b）斜进法

图 8-15　螺距小于 4mm 的梯形螺纹进刀方法

2）用左右切削法粗车、半精车螺纹，每边留余量 0.1~0.2mm，螺纹小径精车至尺寸，如图 8-16 所示；或者选用刀头宽度稍小于槽底的切槽刀，采用直进法粗车螺纹，槽底直径等于螺纹小径，如图 8-17 所示。

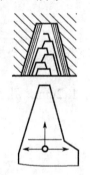
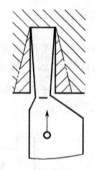

图 8-16　用左右切削法粗车、半精车螺纹　　　图 8-17　用直进法粗车螺纹

3）精车螺纹大径至图样要求。

4）换两侧切削刃有卷屑槽的梯形螺纹精车刀，采用左右切削法精车两侧面至图样要求，如图 8-18 所示。

螺距大于 8mm 的梯形螺纹，一般采用切梯形槽的方法车削，步骤如下：

1）粗车、半精车螺纹大径，留 0.3mm 左右的余量，且倒角与端面成 15°角。

2）用刀头宽度小于 $P/2$ 的切槽刀，采用直进法粗车螺纹至接近中径处，再用刀头宽略小于槽底的切槽刀直进粗车螺纹，槽底直径等于螺纹小径，从而形成阶梯状的螺旋槽，如图 8-19 所示。

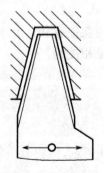
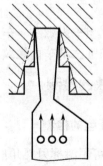

图 8-18　用带卷屑槽的梯形螺纹车刀精车螺纹　　　图 8-19　车阶梯槽

3）用梯形螺纹粗车刀采用左右切削法半精车螺纹槽两侧，每边留余量 0.1~0.2mm，如图 8-20 所示。

4）精车螺纹大径至图样要求。

5）用梯形螺纹车刀，精车两侧面，控制螺纹中径，完成螺纹车削，如图 8-21 所示。

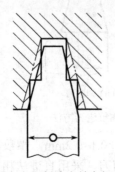
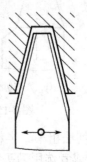

图 8-20　用左右切削法半精车螺纹槽两侧　　　图 8-21　精车螺纹

2．梯形内螺纹的车削方法

梯形内螺纹的车削方法与三角形内螺纹的车削方法基本相同，主要步骤如下：

1）按表 8-4 中的计算公式，加工内螺纹底孔。

2）车内螺纹对刀基准，即在端面上车一个轴向深度为 1~2mm，孔径等于螺纹基本尺寸的内台阶孔，如图 8-22 所示。

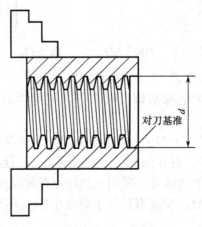

图 8-22　车对刀基准

3）采用斜进法粗车内螺纹。车刀刀尖与对刀基准间应保证有 0.1~0.15mm 的间隙。

4）采用左右切削法精车内螺纹。车刀刀尖与对刀基准相接触。

五、梯形螺纹的检测

1．梯形螺纹牙型的检测

梯形螺纹牙型可用游标万能角度尺来检测，如图 8-23 所示。

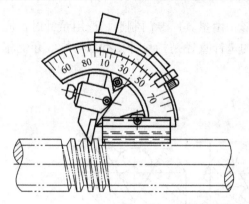

图 8-23　用游标万能角度尺检测梯形螺纹的牙型

2．中径的检测

（1）三针测量螺纹中径

用三针测量螺纹中径是一种比较精密的测量方法，如图 8-24 所示。三角形螺纹、梯形螺纹的中径均可采用三针测量。测量时将三根量针放置在螺纹两侧相对应的螺旋槽内，用千分尺量出两边量针顶点之间的距离 M。根据 M 的值可以计算出螺纹中径的实际尺寸。

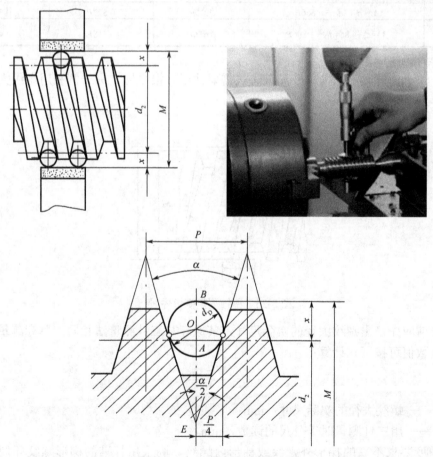

图 8-24　三针测量螺纹中径

测量时所用的三根量针是直径相等的圆柱形，由量具厂专门制造。选用量针时，应尽量接近最佳值，以便获得较高的测量精度。最佳的量针直径是指量针横截面与螺纹牙侧相切于螺纹中径处时的量针直径，如图 8-25 所示。

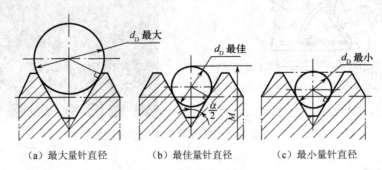

（a）最大量针直径　　　（b）最佳量针直径　　　（c）最小量针直径

图 8-25　量针直径的选择

　　M 和量针直径的计算方法见表 8-5。

表 8-5　M 和量针直径的计算方法

牙型角 α	M 的计算公式	量针直径 d_D		
		最大值	最佳值	最小值
60°	$M = d_2 + 3d_D - 0.866P$	$1.01P$	$0.577P$	$0.505P$
30°	$M = d_2 + 4.864d_D - 1.866P$	$0.656P$	$0.518P$	$0.486P$

　　（2）单针测量螺纹中径

　　这种方法比三针测量法简单。测量时只需要使用一根量针，另一侧利用螺纹大径作为基准，如图 8-26 所示。

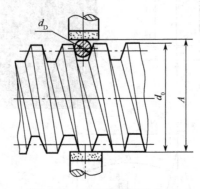

图 8-26　单针测量螺纹中径

　　在测量前应先量出螺纹大径的实际尺寸，其原理与三针测量法相同。单针测量时，千分尺测得的读数值可按下式计算：

$$A = \frac{M + d_0}{2}$$

式中　d_0 —— 螺纹大径的实际尺寸，mm；

　　　M —— 用三针测量时千分尺的读数，mm。

　　对于精度要求不高的梯形外螺纹或梯形内螺纹，则采用标准的梯形螺纹环规和螺纹塞规进行综合检测，如图 8-27 所示。

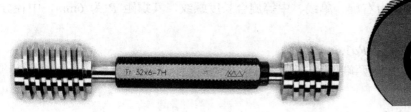

（a）螺纹塞规　　　　　　　　　　　　（b）螺纹环规

图 8-27　梯形螺纹量规

 操作提示

1）梯形螺纹在精车前最好重新修正中心孔，以保证同轴度。

2）在车削梯形螺纹前，应挑选精度高、磨损较少的车床。

3）车削梯形内螺纹时，尽可能利用刻度盘控制退刀，以防刀柄与孔壁相碰。

4）车削铸铁梯形内螺纹时，易发生螺纹形面碎裂，因此用直进法车削时背吃刀量不能过大。

5）作为梯形内螺纹对刀基准的台阶，在内螺纹车好后，可利用倒内孔角去除，如果长度允许，可把台阶车去后再倒角。

六、操作实例

1．加工图样

梯形螺纹加工图样如图 8-28 所示。

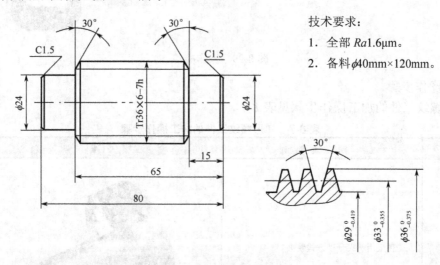

技术要求：

1．全部 $Ra1.6\mu m$。

2．备料 $\phi 40mm \times 120mm$。

图 8-28　梯形螺纹加工图样

2．加工操作

（1）图样分析

1）零件两退刀台阶外圆尺寸 $\phi24$mm 精度要求不高（为未注公差尺寸）。

2）梯形外螺纹 Tr36 为右旋、单线、中等旋合长度螺纹，其螺距 P 为 6mm，中径分差等级为 7h。

3）零件表面粗糙度值为 $Ra1.6\mu$m。

4）台阶倒角 C1.5，螺纹两端倒角 30°。

（2）切削用量的选用

具体切削用量见表 8-6。

表 8-6　梯形螺纹加工时的切削用量

要　素		加　工　性　质	
		粗　车	精　车
背吃刀量 a_p（mm）	螺纹大径车削	视加工要求而定	0.3~0.4
进给量 f（mm/r）	螺纹车削	6	
转速 n（rpm）	螺纹大径车削	480~600	750~800
	螺纹车削	85	55

（3）操作准备

准备好 CA6140 型车床、$\phi40$mm×120mm 的 45 钢棒料、90°车刀、45°车刀、梯形螺纹车刀、游标卡尺、千分尺、角度样板等，如图 8-29 所示。

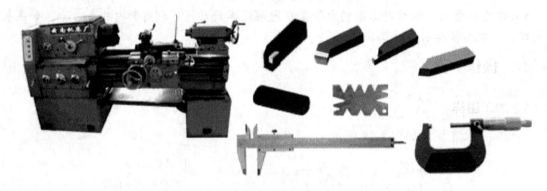

图 8-29　操作准备

（4）操作步骤

梯形螺纹工件的加工操作步骤见表 8-7。

表 8-7　梯形螺纹工件的加工操作步骤

步　骤	操 作 说 明	图　解
装夹工件	工件采用一夹一顶方式装夹	

（续表）

步 骤	操 作 说 明	图 解
安装车刀	将 90°车刀、45°车刀、切槽刀和梯形螺纹车刀安装在刀架上	
车定位台阶	夹住工件一端，伸出长 50mm 左右，找正夹紧；车端面（车平即可）；车 ϕ 30mm，长 25mm 的夹持部位	
钻中心孔	工件调头装夹 ϕ 30mm 外圆部分，找正夹紧，车端面并钻中心孔	
车外圆	用一夹一顶方式装夹工件，粗车梯形螺纹大径 ϕ 36.5mm×65mm 和台阶外圆 ϕ 24mm×15mm 至图样要求尺寸	
切槽	粗、精车螺纹退刀槽位 ϕ 24mm×15mm，控制长度尺寸 65mm	
倒角	两端倒角 30°和倒角 C1.5	

（续表）

步　骤	操 作 说 明	图　解
车梯形螺纹	粗车梯形螺纹 Tr36×6—7h，螺纹小径车至 $\phi\,29^{\ 0}_{-0.375}$ mm，螺纹牙型两侧留 0.2mm 的精车余量	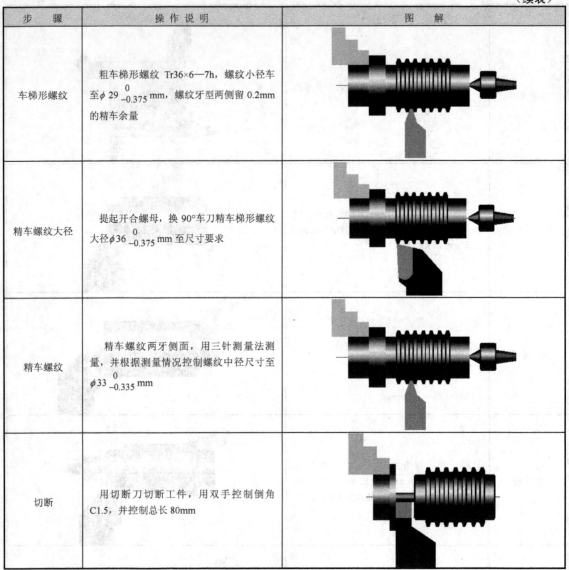
精车螺纹大径	提起开合螺母，换 90°车刀精车梯形螺纹大径 $\phi\,36^{\ 0}_{-0.375}$ mm 至尺寸要求	
精车螺纹	精车螺纹两牙侧面，用三针测量法测量，并根据测量情况控制螺纹中径尺寸至 $\phi\,33^{\ 0}_{-0.335}$ mm	
切断	用切断刀切断工件，用双手控制倒角 C1.5，并控制总长 80mm	

　　加工后的零件如图 8-30 所示。

图 8-30　加工后的零件立体图

 技能训练

　　活动二技能训练内容见表 8-8。

表 8-8　活动二技能训练内容

课题名称	车梯形螺纹		课题开展时间		指导教师	
学生姓名		分组组号				
操作项目	活动实施		技能评价			
			优良	及格		差
使用车床的型号						
按要求完成右图所示的工件车削	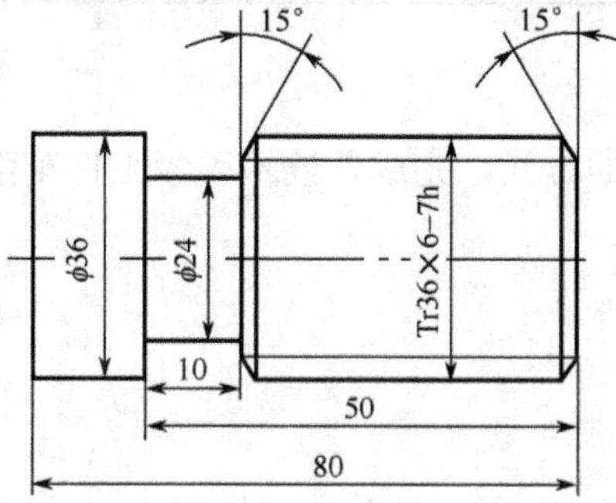 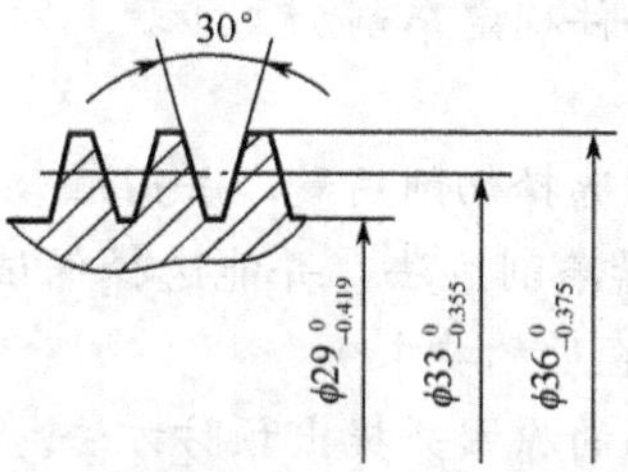  材料：45 钢 备料：$\phi40mm\times100mm$ 技术要求： 1. 其余 $Ra3.2\mu m$ 2. 未注公差按 GB/T 1804—2000					

图中标注：
15°　15°
$\phi36$　$\phi24$　Tr36×6–7h
10　50　80
30°
$\phi29^{0}_{-0.419}$　$\phi33^{0}_{-0.355}$　$\phi36^{0}_{-0.375}$

 活动二学习体会与交流

项目九 车削综合技能训练

采用单件、小批量或成批生产的方式，完成各技术等级工件车削的加工，是综合训练的根本目标。

 **任务目标**

1. 能按工作图样，根据生产实际条件确定车削加工步骤。
2. 了解上下工序间的具体关系。
3. 能按工件几何形状、材料，合理选择切削用量，并刃磨合适的刀具。
4. 能按工件的技术要求，正确选择车削方法，并能选择保证技术要求的一般夹具（能自制简单心轴，来保证工件同轴度和垂直度的要求）。
5. 在车削加工中，能分析产生废品的原因并提出预防方法。
6. 根据车削零件的需要，能熟练地调整工、夹、量具和机床设备，并能找出和排除一般的简单故障。
7. 按生产图样在和技术操作工人条件相同的情况下，完成定额的60%~80%。
8. 培养完成生产计划的观念，养成良好的职业道德。

 **知识内容**

作业一 中间轴

1. 作业图

中间轴零件图如图9-1所示。

2. 加工操作

（1）图样分析

1）$\phi 32_{-0.025}^{0}$ mm 为基准外圆。

2）主要尺寸 $\phi 18$mm、$\phi 24$mm 表面粗糙度均为 $Ra3.2\mu m$，$\phi 32$mm 表面粗糙度为 $Ra1.6\mu m$。

3）外圆 $\phi 18$mm 轴线对基准外圆同轴度为 $\phi 0.03$mm。

4）因工件外圆 $\phi 32$mm 与 $\phi 18$mm 有同轴度要求，所以必须在一次装夹中车出，因而应采用一夹一顶的装夹方法车削。

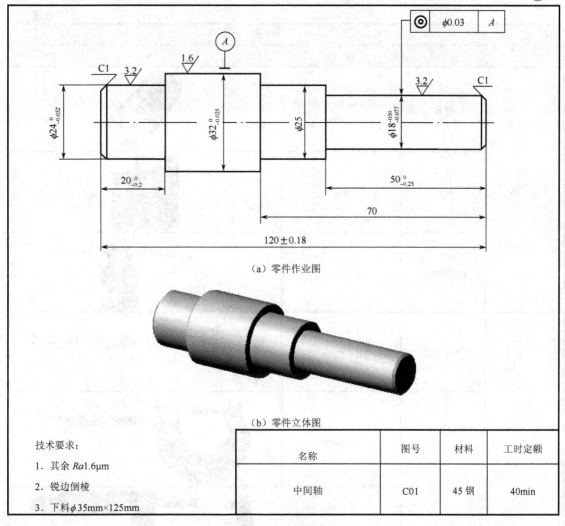

（a）零件作业图

（b）零件立体图

技术要求：

1. 其余 Ra1.6μm

2. 锐边倒棱

3. 下料 φ35mm×125mm

名称	图号	材料	工时定额
中间轴	C01	45 钢	40min

图 9-1 中间轴零件图

（2）工、量、夹具清单

操作中用到的工、量、夹具清单见表 9-1。

表 9-1 车削中间轴工、量、夹具清单

项 目	内 容		
	名 称	规 格	图 示
工 具	卡盘扳手	45#制作，四方头部高频淬火	
	刀架扳手	45#制作，头部内四方孔	

（续表）

项　目	内　容		
	名　称	规　格	图　示
工　具	材料	φ35mm×125mm 45钢	
	机油	30#	
	油枪和棉纱	高压机油枪	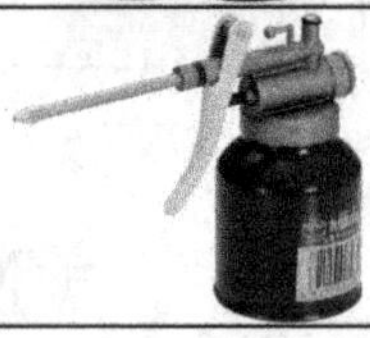
量　具	游标卡尺	0~125mm	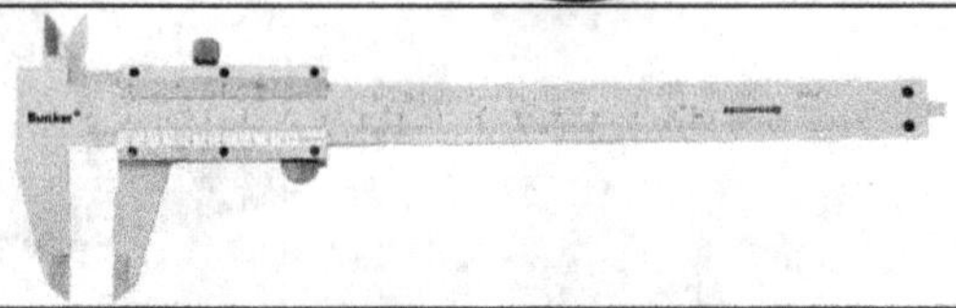
	千分尺	0~25mm	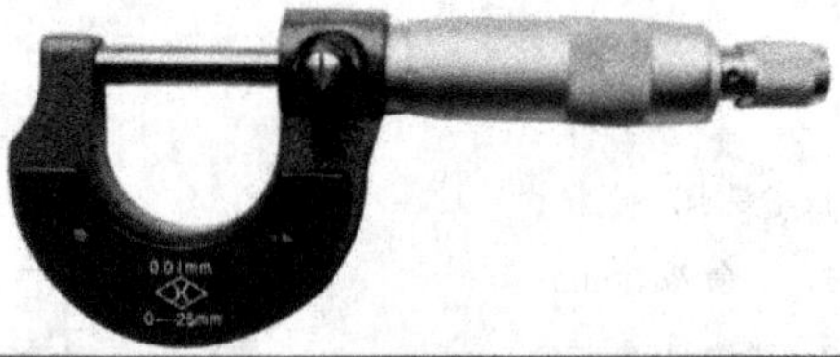
		25~50mm	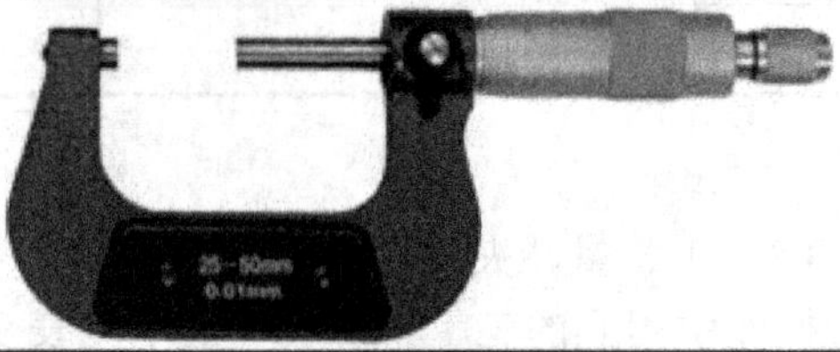
夹　具	卡盘	三爪自定心卡盘	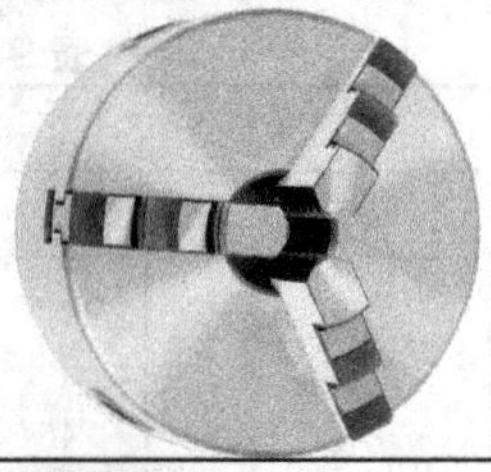
	顶尖	回转顶尖	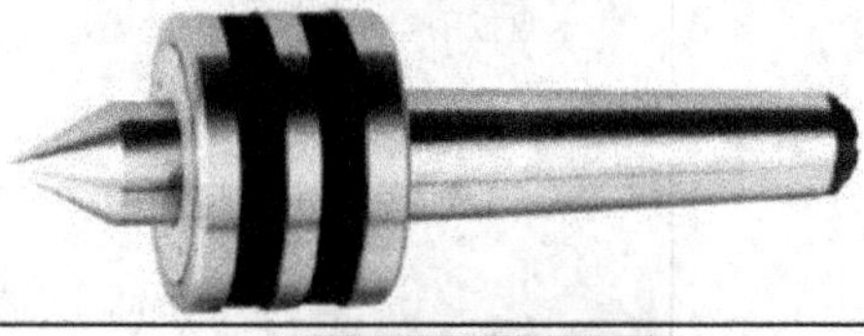
刀　具	外圆车刀	90°焊接车刀	

（续表）

项 目	内 容		
	名称	规格	图示
刀 具	外国车刀	45°焊接车刀	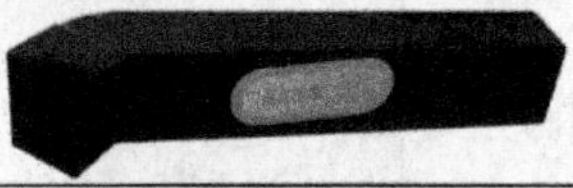
	中心钻	A3	
设 备	车床	CA6140 型卧式车床	

（3）切削用量的选用

具体的切削用量见表9-2。

表 9-2　中间轴车削加工时的切削用量

要　素	加 工 性 质	
	粗 车	精 车
背吃刀量 a_p（mm）	视加工要求而定	0.2~0.3
进给量 f（mm/r）	0.2~0.3	0.1~0.15
转速 n（r/min）	400~600	750~800

（4）操作步骤

中间轴车削加工操作步骤见表9-3。

表 9-3　中间轴车削加工操作步骤

步　骤	操作说明	图　解
安装车刀	将 90°车刀、45°车刀安装在刀架上	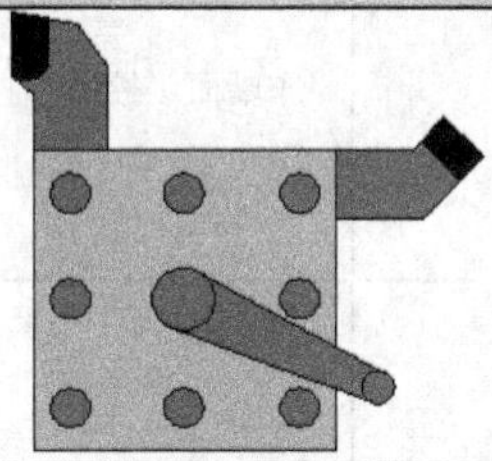
车端面	在三爪自定心卡盘上夹住 φ35mm 毛坯 外圆，伸出 105mm 左右，校正夹紧（必须先校正外圆），用 90°车刀车端面（车平即可）	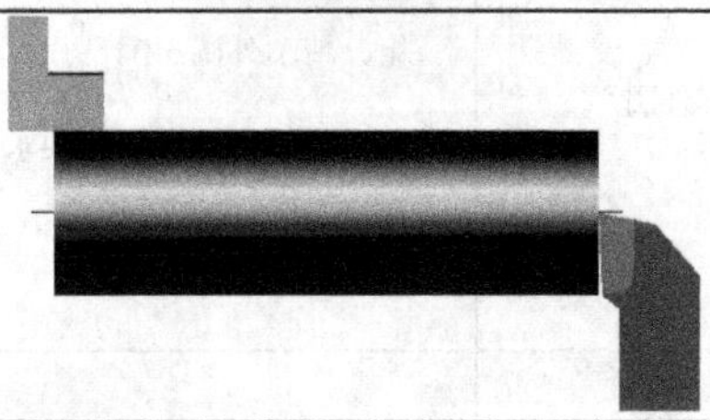
钻中心孔	用 A3 中心钻钻中心孔	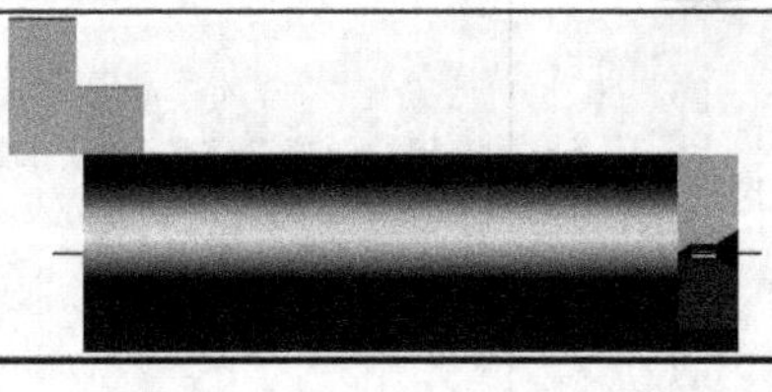

（续表）

步　骤	操　作　说　明	图　解
装夹工件	一夹一顶装夹工件	
车外圆	粗、精车 $\phi 32_{-0.025}^{0}$ mm 外圆、$\phi 18_{-0.077}^{-0.050}$ mm 外圆及 $\phi 25$mm 外圆至尺寸要求	
倒角	用 45°车刀倒角 C1，锐边倒钝（C0.5）	
工件调头	调头夹住 $\phi 25$mm 外圆，靠住端面（表面包一层铜皮夹住圆柱面），校正夹紧	
控总长	车端面，控制总长 120±0.18 mm	
车外圆	粗、精车外圆 $\phi 24_{-0.052}^{0}$ mm 及长度 $20_{-0.2}^{0}$ mm 至尺寸要求	
倒角	用 45°车刀倒角 C1，锐边倒钝（C0.5）	

3. 中间轴的检测评价

中间轴的检测评价标准见表 9-4。

表 9-4 中间轴的检测评价标准

序号	项目内容	配分	要求	检测结果	实得分
1	外径 $\phi 32^{0}_{-0.025}$	8 分	每超 0.01 扣 2 分，扣完为止		
2	外径 $\phi 18^{-0.050}_{-0.077}$	8 分			
3	外径 $\phi 25$	5 分			
4	外径 $\phi 24^{0}_{-0.052}$	8 分			
5	总长 120±0.18	7 分	超差不得分		
6	长度 $50^{0}_{-0.25}$	7 分			
7	长度 70	5 分			
8	长度 $20^{0}_{-0.2}$	7 分			
9	同轴度 $\phi 0.03$	10 分			
10	C1（2 处） C0.5（3 处）	1 分×5	不合格不得分		
11	Ra1.6（1 处） Ra3.2（2 处） Ra6.3（3 处）	5 分×6			
12	安全文明生产		①正确执行安全技术操作规程 ②按企业有关文明生产规定，做到工作场地整洁，工、量、刀具摆放整齐 ③操作规范、协调、安全 ④严重违反规程，视情节扣 10～50 分，直至取消考核操作资格	现场记录	
13	其他		工件外观有毛刺、损伤、未加工或严重畸形，扣1~10 分	目测	
起始时间		结束时间	学生姓名		总分	

作业二 减速箱输出轴

1. 作业图

减速箱输出轴零件图如图 9-2 所示。

2. 加工操作

（1）图样分析

1）2×ϕ25mm 为基准外圆。

2）主要尺寸ϕ25mm、ϕ30mm 有尺寸精度要求，表面粗糙度均为 Ra3.2μm。

3）外圆ϕ30mm 对两端基准外圆公共轴线的径向跳动允差为 0.02mm。

（2）工、量、夹具清单

操作中用到的工、量、夹具清单见表 9-5。

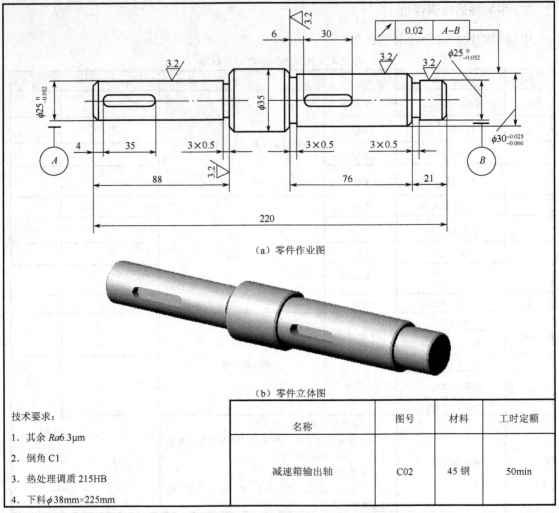

（a）零件作业图

（b）零件立体图

技术要求：

1. 其余 Ra6.3μm

2. 倒角 C1

3. 热处理调质 215HB

4. 下料 ϕ38mm×225mm

名称	图号	材料	工时定额
减速箱输出轴	C02	45 钢	50min

图 9-2　减速箱输出轴零件图

表 9-5　车削减速箱输出轴工、量、夹具清单

项　目	内　容		
	名　称	规　格	图　示
工　具	卡盘扳手	45#制作，四方头部高频淬火	
	刀架扳手	45#制作，头部内四方孔	

项 目	内 容		
	名　称	规　格	图　示
工　具	材料	ϕ38mm×225mm 45 钢	
	机油	30#	
	油枪和棉纱	高压机油枪	
量　具	游标卡尺	0~250mm	
	千分尺	0~25mm	
		25~50mm	
夹　具	后顶尖	回转顶尖	

（续表）

项　目	内　容		
	名　称	规　格	图　示
夹具	前顶尖	在车床上车成	
	鸡心夹头	曲尾形	
刀具	外圆车刀	90°焊接车刀	
		45°焊接车刀	
	切槽刀	刀头宽3mm	
	中心钻	A3	
设　备	车床	CA6140型卧式车床	

（3）切削用量的选用

具体的切削用量见表9-6。

表9-6　减速箱输出轴车削加工时的切削用量

要　素		加 工 性 质	
		粗　车	精　车
背吃刀量 a_p（mm）	外圆车削	视加工要求而定	0.2~0.3
	切槽	3	
进给量 f（mm/r）	外圆车削	0.2~0.3	0.1~0.15
	切槽	手动进给	
转速 n（r/min）	外圆车削	400~600	750~800
	切槽	350~400	

（4）操作步骤

减速箱输出轴车削加工操作步骤见表9-7。

表9-7　减速箱输出轴车削加工操作步骤

步　骤	操　作　说　明	图　解
安装车刀	将 90°车刀、45°车刀、切断刀安装在刀架上	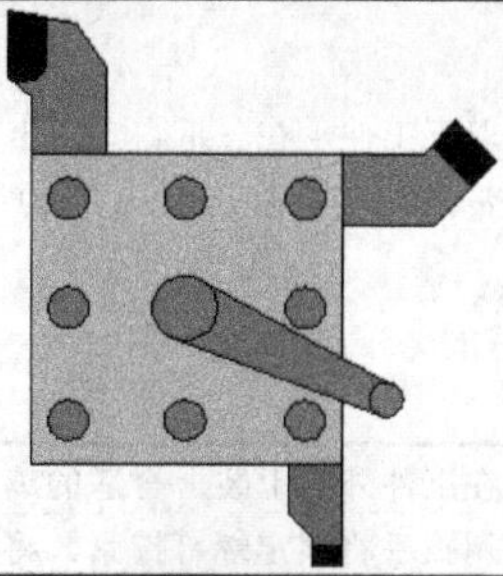
车端面	用三爪自定心卡盘夹持毛坯外圆，校正夹紧，用90°车刀车端面（车平即可）	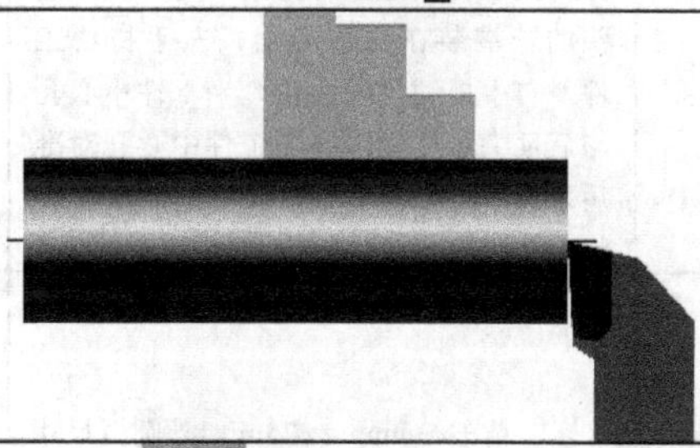
钻中心孔	用 A3 中心钻钻中心孔	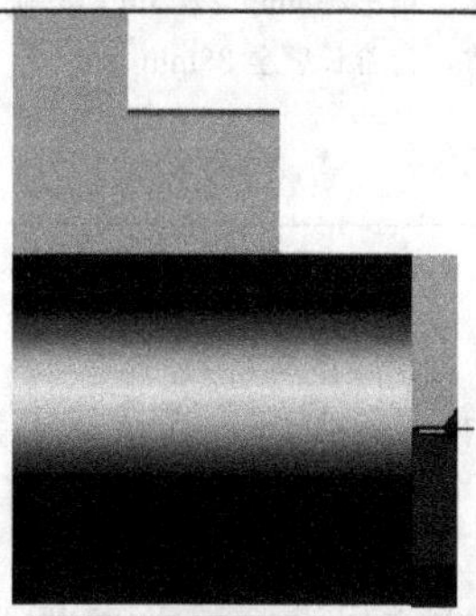
调头	工件调头装夹，校正夹紧，车两端面，控制总长 220mm	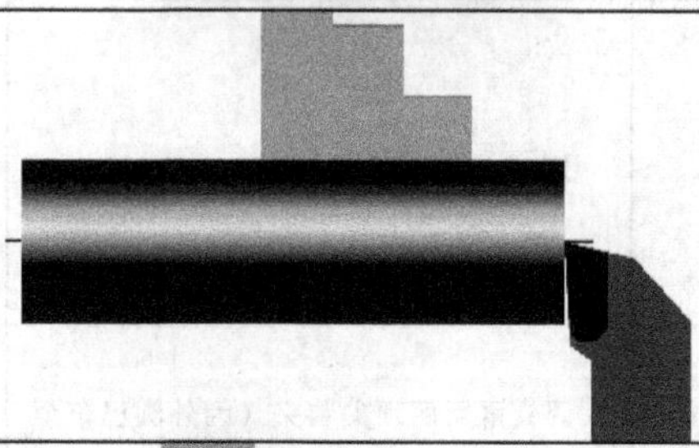
钻中心孔	用 A3 中心钻钻中心孔	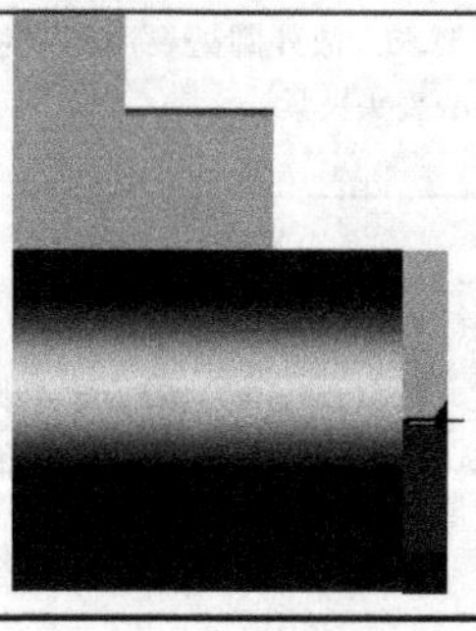

步　骤	操　作　说　明	图　　解
车顶尖	取下工件，在三爪自定心卡盘上夹一根带台阶的棒料，车成 60° 前顶尖	
装夹工件	在工件外圆上装上合适的鸡心夹头，并用扳手将固定螺钉拧紧，将有鸡心夹头的一端装在前顶尖上，左手持稳工件，右手摇动尾座手轮，当工件中心孔与后顶尖靠近时，要使工件中心孔对准后顶尖，再摇出后顶尖使之进入中心孔将工件顶住	
车外圆	粗、精车 $\phi35$mm、$\phi25$mm 外圆至尺寸要求，台阶长度至 88mm	
切槽	切槽 3mm×0.5mm	
倒角	用 45°车刀倒角 C1	
调头装夹	调头再用两顶尖装夹（因外圆已车至尺寸要求，故外圆处要用铜皮包好后再用鸡心夹头夹紧）	
车外圆	粗、精车 $\phi30$mm、$\phi25$mm 外圆至尺寸要求，台阶长度至 76mm、21mm	

（续表）

步　骤	操 作 说 明	图　解
切槽	车槽 3mm×0.5mm（2 处）至尺寸要求	
倒角	用 45°车刀倒角 C1	

3．减速箱输出轴的检测评价

减速箱输出轴的检测评价标准见表 9-8。

表 9-8　减速箱输出轴的检测评价标准

序号	项目内容	配分	要求	检测结果	实得分
1	外径 $\phi30^{-0.025}_{-0.066}$	7 分	每超 0.01 扣 2 分，扣完为止		
2	外径 $\phi25^{0}_{-0.025}$（2 处）	7 分×2			
3	外径 $\phi35$	6 分			
4	总长 220	4 分	超差不得分		
5	长度 88	5 分			
6	长度 76	5 分			
7	长度 21	5 分			
8	槽 3×0.5（3 处）	1 分×3			
9	同轴度 $\phi0.02$	5 分			
10	C1（5 处） 其余 C0.5（3 处）	0.5 分×8	不合格不得分		
11	外圆 $Ra3.2$（5 处） $Ra6.3$（3 处） 槽底 $Ra6.3$（3 处）	6 分×5 3 分×3 1 分×3			
12	安全文明生产		①正确执行安全技术操作规程 ②按企业有关文明生产规定，做到工作场地整洁，工、量、刀具摆放整齐 ③操作规范、协调、安全 ④严重违反规程，视情节扣 10～50 分，直至取消考核操作资格	现场记录	
13	其他		工件外观有毛刺、损伤、未加工或严重畸形，扣 1~10 分	目测	
起始时间		结束时间		学生姓名		总分	

作业三 锥度心轴

1. 作业图

锥度心轴零件图如图 9-3 所示。

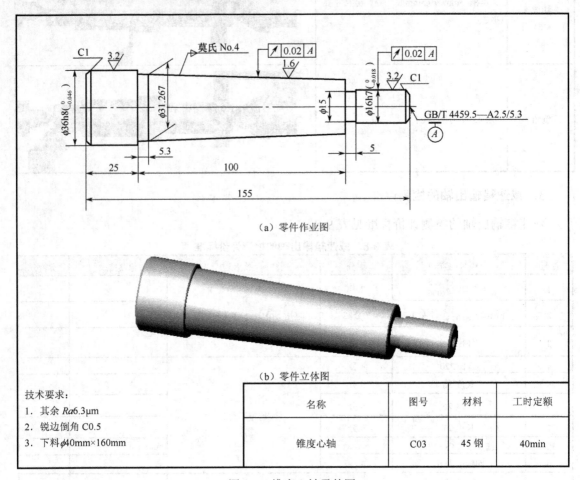

（a）零件作业图

（b）零件立体图

技术要求：
1. 其余 Ra6.3μm
2. 锐边倒角 C0.5
3. 下料 ϕ40mm×160mm

名称	图号	材料	工时定额
锥度心轴	C03	45 钢	40min

图 9-3 锥度心轴零件图

2. 加工操作

（1）图样分析

1）圆锥体为莫氏 No.4 锥度，最大圆锥直径为 ϕ31.267mm。圆锥面对两端中心孔公共轴线的径向圆跳动允差为 0.02mm。表面粗糙度值为 Ra1.6μm。

2）两端外圆为 $\phi36_{-0.046}^{0}$ mm、$\phi16_{-0.018}^{0}$ mm，表面粗糙度值为 Ra3.2μm。

3）外圆 ϕ16h7mm 对两端中心孔公共轴线的径向圆跳动允差为 0.02mm。

（2）工、量、夹具清单

操作中用到的工、量、夹具清单见表 9-9。

（3）切削用量的选用

具体的切削用量见表 9-10。

表 9-9 车削锥度心轴工、量、夹具清单

项 目	内 容		
	名 称	规 格	图 示
工 具	卡盘扳手	45#制作，四方头部高频淬火	
	刀架扳手	45#制作，头部内四方孔	
	材料	ϕ40mm×160mm 45 钢	
	机油	30#	
	油枪和棉纱	高压机油枪	
量 具	游标卡尺	0~250mm	
	千分尺	0~25mm	
		25~50mm	
	锥度套规	莫氏 No.4	

（续表）

项　目	内　容		
	名　称	规　格	图　示
夹具	后顶尖	回转顶尖	
	前顶尖	在车床上车成	
	鸡心夹头	曲尾形	
刀具	外圆车刀	90°焊接车刀	
		45°焊接车刀	
	切槽刀	刀头宽 5mm	
	中心钻	A2.5	
设备	车床	CA6140 型卧式车床	

表 9-10　锥度心轴车削加工时的切削用量

要　素	加工性质	
	粗　车	精　车
背吃刀量 a_p（mm）	视加工要求而定	0.2~0.3
进给量 f（mm/r）	0.2~0.3	0.1~0.15
转速 n（r/min）	400~600	750~800

（4）操作步骤

锥度心轴车削加工操作步骤见表 9-11。

表 9-11　锥度心轴车削加工操作步骤

步　骤	操 作 说 明	图　解
安装车刀	将 90°车刀、45°车刀、切断刀安装在刀架上	
车端面、钻中心孔	夹工件毛坯外圆，校正夹紧，用 90°车刀车端面（车平即可），并用 A2.5 中心钻钻中心孔	
装夹工件	一夹一顶装夹工件	
车外圆	粗车莫氏 No.4 圆锥大径到 ϕ 31.5mm，长度 129mm，以及外圆 ϕ 16h7mm 至 ϕ 17mm，长 29mm	
调头	工件调头装夹，控总长 155mm，并用 A2.5 中心钻钻中心孔	
装夹	采用两顶尖装夹	
车外圆	精车外圆 $\phi36_{-0.046}^{\ 0}$ mm 至尺寸要求，控制尺寸 25mm，精车圆锥大径 ϕ 31.267$_{-0.05}^{\ 0}$ mm 至尺寸要求，控制尺寸 100mm，精车外圆 $\phi16_{-0.018}^{\ 0}$ mm 至尺寸要求	
切槽	车槽 5mm×ϕ15mm	

（续表）

步骤	操作说明	图解
车锥度	粗、精车莫氏 No.4 圆锥至尺寸要求	5.3
倒角	用 45°车刀倒角 C1、C0.5	

3. 锥度心轴的检测评价

锥度心轴的检测评价标准见表 9-12。

表 9-12　锥度心轴的检测评价标准

序号	项目内容	配分	要求	检测结果	实得分
1	外径 $\phi 36_{-0.046}^{0}$	5 分	每超 0.01 扣 2 分，扣完为止		
2	外径 $\phi 16_{-0.018}^{0}$	5 分			
3	槽底径 $\phi 15$	5 分			
4	槽宽 5	3 分	超差不得分		
5	总长 155	7 分			
6	长度 25	6 分			
7	锥形长 100	5 分			
8	莫氏 No.4 外锥	25 分	涂色法，用锥度套规检测，接触面不少于 65%		
9	锥度大径 $\phi 31.267_{-0.05}^{0}$	5 分	每超 0.01 扣 2 分，扣完为止		
10	$\phi 16h7$ 对两端中心孔公共轴线的径向圆跳动	5 分	超差不得分		
11	圆锥面对两端中心孔公共轴线的径向圆跳动	5 分			
12	C1（2 处）	1 分×4			
	C0.5（2 处）				
13	Ra1.6（1 处）	4 分×5	不合格不得分		
	Ra3.2（2 处）				
	Ra6.3（2 处）				
14	安全文明生产		①正确执行安全技术操作规程 ②按企业有关文明生产规定，做到工作场地整洁，工、量、刀具摆放整齐 ③操作规范、协调、安全 ④严重违反规程，视情节扣 10～50 分，直至取消考核操作资格	现场记录	
15	其他		工件外观有毛刺、损伤、未加工或严重畸形，扣 1～10 分	目测	
起始时间		结束时间	学生姓名		总分

作业四 砂轮卡盘体

1. 作业图

砂轮卡盘体零件图如图 9-4 所示。

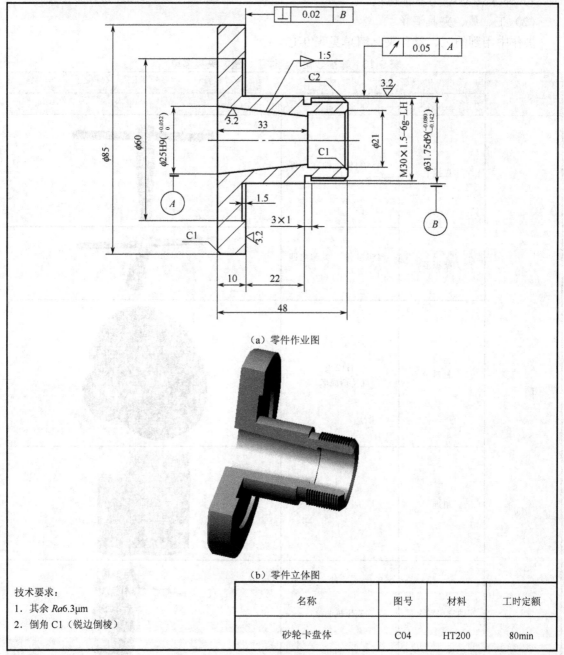

（a）零件作业图

（b）零件立体图

技术要求：
1. 其余 Ra6.3μm
2. 倒角 C1（锐边倒棱）

名称	图号	材料	工时定额
砂轮卡盘体	C04	HT200	80min

图 9-4 砂轮卡盘体零件图

2. 加工操作

（1）图样分析

1）基准圆锥孔锥度为 1∶5，最大圆锥直径为 $\phi25H9$（$^{+0.052}_{0}$）mm。

2）外圆 $\phi31.75d9$（$^{-0.080}_{-0.142}$）mm 对圆锥孔轴线的径向跳动允差为 0.05mm。

3）外圆 $\phi85mm$ 右端面对外圆 $\phi31.75d9mm$ 轴线的垂直度要求不大于 0.02mm。

4）外螺纹 M30 为左旋螺纹。

（2）工、量、夹具清单

操作中用到的工、量、夹具清单见表 9-13。

表 9-13　车削砂轮卡盘体工、量、夹具清单

项　目	内　容		
	名　称	规　格	图　示
工　具	卡盘扳手	45#制作，四方头部高频淬火	
	刀架扳手	45#制作，头部内四方孔	
	材料	HT200（铸造成形）	
	机油	30#	
	油枪和棉纱	高压机油枪	
量　具	游标卡尺	0~250mm	

（续表）

项 目	内 容		
	名 称	规 格	图 示
量 具	千分尺	25~50mm	
	螺纹千分尺	M30×1.5—6g—LH	
	锥度校验棒	1∶5	
夹 具	爪盘	三爪自定心卡盘（配软卡爪）	
刀 具	外圆车刀	90°焊接车刀	
		45°焊接车刀	
	切槽刀	刀头宽 3mm	
	端面沟槽刀	机夹切槽刀，刀头宽 4mm	
	螺纹车刀	高速钢三角形螺纹车刀，刀尖角 $\varepsilon_r=60°$	
	车孔刀	不通孔车刀	

（续表）

项　目	内　容		
	名称	规格	图示
设　备	车床	CA6140 型卧式车床	

（3）切削用量的选用

具体的切削用量见表 9-14。

表 9-14　砂轮卡盘体车削加工时的切削用量

要　素		加　工　性　质	
		粗　车	精　车
背吃刀量 a_p（mm）	外圆车削	视加工要求而定	0.2~0.3
	切槽	3	
	螺纹加工	视加工要求多次进给	
进给量 f（mm/r）	外圆车削	0.2~0.3	0.1~0.15
	切槽	手动进给	
	螺纹加工	1.5	
转速 n（r/min）	外圆车削	400~600	750~800
	切槽	350~400	
	螺纹加工	105	

（4）操作步骤

砂轮卡盘体车削加工操作步骤见表 9-15。

表 9-15　砂轮卡盘体车削加工操作步骤

步　骤	操作说明	图　解
安装车刀	将 90°外圆车刀、端面切槽刀安装在刀架上，端面切槽完成后，再将 45°车刀、切断刀和螺纹车刀安装在刀架上	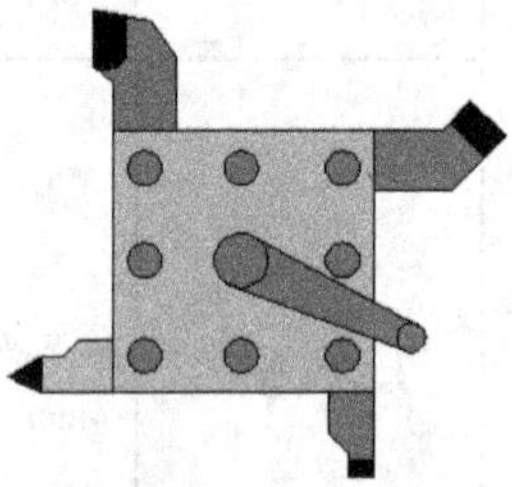
装夹工件	用三爪自定心卡盘装夹并校正后夹紧工件	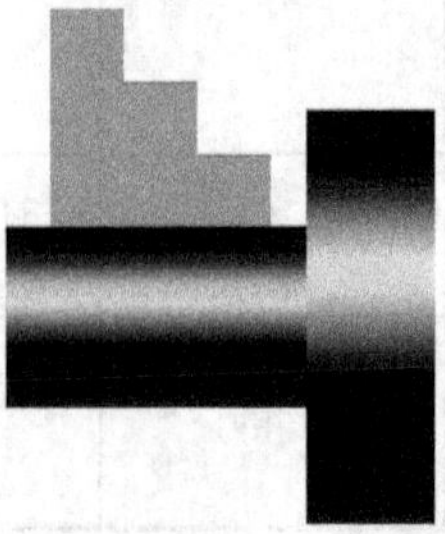

（续表）

步　骤	操作说明	图　解
车外圆	车外圆 ϕ85mm 至尺寸要求，并倒角 C1.5	
控总长	调头，用软卡爪夹住外圆 ϕ85mm，车端面，控总长 48mm	
车外圆	粗、精车外圆 ϕ 31.75d9 $\left(\begin{smallmatrix}-0.080\\-0.142\end{smallmatrix}\right)$ mm 至尺寸要求，并控制 ϕ85mm 长度尺寸 10mm	
车端面槽	车端面平槽 1.5mm×60mm	
车螺纹大径	车螺纹大径 ϕ30 $_{-0.25}^{-0.15}$ mm	

（续表）

步　骤	操 作 说 明	图　解
切槽	车槽 3mm×1mm，并控制 ϕ31.75d9mm 长度尺寸 22mm	
倒角	倒角 C2、锐边 C0.5	
车孔	车内孔 ϕ21mm 至尺寸要求，保证锥孔长度 33mm；按圆锥孔最小圆锥直径 ϕ18.4mm 车通孔至 $\phi18_{-0.2}^{0}$mm，孔口倒角 C1	
车螺纹	车左旋螺纹 M30×1.5，用螺纹千分尺检测中径尺寸	
车内圆锥	工件调头，用软爪装夹。粗、精车为 1：5 圆锥孔至工艺要求，孔口倒角 C0.5	

3．砂轮卡盘体的检测评价

砂轮卡盘体的检测评价标准见表 9-16。

表 9-16　砂轮卡盘体的检测评价标准

序号	项目内容	配分	要求	检测结果	实得分
1	外径 ϕ85	4 分	超差不得分		
2	外径 ϕ31.75d9	3 分			
3	沟槽直径 ϕ60	5 分			
4	1∶5 内锥大端直径 ϕ25H9（$^{+0.052}_{0}$）	3 分			
5	孔径 ϕ21	7 分			
6	总长 48	8 分			
7	长度 10	4 分			
8	长度 22	4 分			
9	沟槽深 1.5	1 分			
10	退刀槽 3×1	2 分			
11	1∶5 内锥	20 分	用锥度校验棒涂色法检测，接触面在全长不少于 60%		
12	M30×1.5—6g—LH	12 分	用螺纹环规检测，通端不过或止端通过全扣		
13	⊥ | 0.02 | B	5 分	超差不得分		
14	↗ | 0.05 | A	5 分			
15	C1（2 处）	0.5 分×5	不合格不得分		
	C0.5（3 处）				
16	Ra1.6（1 处）	2 分×7			
	Ra3.2（2 处）				
	Ra6.3（4 处）				
17	安全文明生产		①正确执行安全技术操作规程 ②按企业有关文明生产规定，做到工作场地整洁，工、量、刀具摆放整齐 ③操作规范、协调、安全 ④严重违反规程，视情节扣 10～50 分，直至取消考核操作资格	现场记录	
18	其他		工件外观有毛刺、损伤、未加工或严重畸形，扣 1～10 分	目测	
起始时间		结束时间	学生姓名	总分